Carl-Auer

Ben Furman
Tapani Ahola

Es ist nie zu spät, erfolgreich zu sein

Ein lösungsfokussiertes Programm für Coaching von Organisationen, Teams und Einzelpersonen

Aus dem Englischen
von Nicola Offermanns

2010

Umschlaggestaltung: Uwe Göbel
Umschlagfoto: © Michelle Albers – Fotolia.com
Satz u. Grafik: Drißner-Design u. DTP, Meßstetten
Printed in Germany
Druck und Bindung: Freiburger Graphische Betriebe, www.fgb.de

Erste Auflage, 2010
ISBN 978-3-89670-704-8

Das Original erschien unter dem Titel:
Change Through Cooperation. Handbook of reteaming®.
Helsinki Brief Therapy Institute, Finnland.

Illustrationen: Kaj Kujasalo

Bibliografische Information der Deutschen Nationalbibliothek
Die Deutsche Nationalbibliothek verzeichnet diese Publikation
in der Deutschen Nationalbibliografie; detaillierte bibliografische
Daten sind im Internet über http://dnb.d-nb.de abrufbar.

Informationen zu unserem gesamten Programm, unseren Autoren
und zum Verlag finden Sie unter: www.carl-auer.de.

Wenn Sie Interesse an unseren monatlichen Nachrichten aus der Häusserstraße haben,
können Sie unter http://www.carl-auer.de/newsletter den Newsletter abonnieren.

Carl-Auer Verlag GmbH
Häusserstraße 14
69115 Heidelberg
Tel. 0 62 21-64 38 0
Fax 0 62 21-64 38 22
info@carl-auer.de

Inhalt

Vorwort

Wir – der Sozialpsychologe Tapani Ahola und der Psychiater Ben Furman – arbeiten seit 1985 als Ausbilder für lösungsfokussierte Kurzzeittherapie zusammen. In den 1990er Jahren begann sich unser Betätigungsfeld zu erweitern, und wir fingen an, nicht mehr nur mit dem herkömmlichen Therapie-Klientel zu arbeiteten, also mit Individuen oder Familien, die vor Problemen stehen, sondern auch mit größeren Gruppen wie Teams, Unternehmen und sogar ganzen Organisationen. Wir erkannten, dass wir hierfür gar nicht so viel an unserer Arbeitsmethode verändern mussten. Überraschenderweise funktionierten dieselben Prinzipien ebenso gut bei der Arbeit mit solchen größeren Einheiten.

Die Prinzipien der lösungsfokussierten Beratung sind ziemlich einfach. Anstatt sich auf die *Probleme* des Klienten zu konzentrieren, fokussiert ein lösungsfokussierter Berater auf Fragen, die sich um den *Fortschritt* drehen. Die Aufgabe des Beraters besteht darin, dass er dem Klienten hilft, zu definieren, welche speziellen Veränderungen bzw. Ziele einen Fortschritt bedeuten würden, und zu erkennen, welche Anzeichen eines Fortschritts in Richtung dieser Ziele es bereits gegeben hat. Das Aufdecken von Ressourcen, also von Informationen darüber, was dem Klienten beim Erreichen seiner Ziele helfen kann, ist ebenfalls ein integraler Bestandteil des lösungsfokussierten Ansatzes. Das Modell basiert auf der Grundannahme, dass Klienten – auch wenn sie sich dessen vielleicht nicht bewusst sind – brauchbare Ideen in sich tragen, wie ihre Probleme gelöst werden können. Aufgabe des Beraters ist es, den Klienten dahin zu bringen, dass er sich dieser Ideen bewusst wird, und ihn bei deren praktischer Umsetzung zu coachen.

Mit zunehmender Erfahrung in der lösungsfokussierten Arbeit mit Organisationen verspürten wir das Bedürfnis, unsere Erkenntnisse mit Kollegen, Studenten und weiteren Berufsgruppen zu teilen, die einen Weg suchen, wie man mit Teams oder anderen größeren Gruppen von Menschen arbeiten kann. Ermutigt fühlten wir uns durch die Tatsache, dass wir uns auf ein Arbeitsmodell eingelassen hatten, das logisch und mit dem gesunden Menschenverstand vereinbar ist und das in einer vorgegebenen Anzahl von aufeinander aufbauenden Schritten abläuft.

Um anderen unsere Herangehensweise vermitteln zu können, haben wir ein abwechslungsreiches Arbeitsbuch erstellt, in dem z. B. zu jedem Schritt passende Cartoons abgebildet sind. Es ist speziell auf die Teambildung abgestimmt. Wir haben der Methode deshalb den Namen *Reteaming* gegeben – ein von uns geprägter Kurzbegriff zur Beschreibung des stufenförmigen Prozesses, der Gruppen von zusammenarbeitenden Menschen hilft, ihre Arbeitsweise zu verbessern und ihre Kooperationsfähigkeit zu steigern. Die Vorsilbe »re« leitet sich aus der Beobachtung ab, dass »Reorganisationen«, also Umstrukturierungen, – sei es nach einer Fusion oder aus anderen Gründen – häufig negative Auswirkungen auf die Zusammenarbeit in Teams und Arbeitsgruppen haben. Das sind die typischen Situationen, in denen man an uns herantritt, damit wir den Teams helfen, ihre Funktionsfähigkeit zu re-staurieren, also wiederherzustellen.

Das Reteaming-Programm besteht aus 12 Schritten. Es ist ein allgemein anwendbares Programm, das nicht nur in der Arbeit mit Teams eingesetzt werden kann, sondern bei jeder Gruppe von Menschen, die etwas ändern oder verbessern wollen oder etwas Neues entwickeln wollen. Wir sahen bald, dass sich der Reteaming-Prozess genauso gut in der Arbeit mit Einzelnen einsetzen lässt, und es wurde uns klar, dass wir wieder am Ausgangspunkt angekommen waren: beim Wunsch, einen Ansatz zu finden, wie man auf der Basis der lösungsfokussierten Therapie mit Organisationen arbeiten kann.

Ein Nebeneffekt des Reteaming-Prozesses ist, dass er sich hervorragend dazu eignet, lösungsfokussierte Psychologie zu vermitteln, weil er es einem erlaubt, praktische Erfahrungen mit diesem Ansatz zu sammeln, indem man Dinge im eigenen Leben verändert. Dazu gehören ganz persönliche Erfahrungen mit der Zukunftsorientierung, mit dem Setzen von Zielen und mit der Verstärkung von Motivation. Auch lernt man, Freunde, Familienmitglieder oder andere wichtige Bezugspersonen einzuladen, zum Erreichen dieser Ziele beizutragen.

Dieses Handbuch ist für alle professionell Tätigen gedacht, die im Bereich der Personal- und Persönlichkeitsentwicklung arbeiten, darunter Coachs, Berater, Manager und Therapeuten. Im Grunde profitiert von seinem Konzept aber jeder, der Veränderungsprozesse mit Motivation und verbesserter Kooperation verbinden möchte. Sie werden beim Lesen feststellen, dass Reteaming sich nicht nur zum Coachen anderer eignet – es ist auch eine sehr praktische Methode zur eigenen persönlichen Entwicklung, eine Anleitung, wie man sich

Ziele setzen kann und wie man die Motivation und Zusammenarbeit aufbaut, die zum Erreichen dieser Ziele notwendig sind.

Zum Schluss noch ein kleiner Hinweis in eigener Sache: Reteaming ist eine einfache, aber vielseitige Methode; sie kann in unterschiedlichen Settings und zu unterschiedlichen Zwecken eingesetzt werden: zur Problemlösung, Teambildung, Bewältigung von Veränderungen usw. Wenn Sie mitunter das Gefühl haben, etwas zum wiederholten Mal zu lesen, ist das durchaus beabsichtigt. Wir haben das Buch so angelegt, dass zunächst einmal die 12 Schritte des Programms vorgestellt werden, und liefern dann in den folgenden Kapiteln immer wieder Beispiele dafür, wie ebendiese Schritte in wechselnden Kontexten umgesetzt werden können.

Ben Furman & Tapani Ahola
Helsinki, im Januar 2010

Was ist Reteaming?

Es ist nicht einfach, Reteaming in einem Satz zu definieren, aber hier ist unser Versuch:

Reteaming ist eine übergeordnete, vielen Zwecken dienende Methode, die aus 12 Schritten besteht und das Ziel verfolgt, sowohl Einzelnen als auch Gruppen von Menschen zu helfen, etwas zum Besseren zu verändern, indem sie es dem Menschen erleichtert, sich Ziele zu setzen, die Motivation erhöht und die Kooperationsfähigkeit verbessert, die man zum Erreichen dieser Ziele benötigt.

Wir möchten erklären, was das im Einzelnen bedeutet:

Übergeordnet ist die Methode in dem Sinne, dass sie sozusagen nur einen Bezugsrahmen bzw. ein Skelett darstellt, die Knochen ohne das Fleisch, die Form ohne den Inhalt. Sie ist wie ein Gerüst, eine allgemeine und in gewisser Weise sogar universale Struktur, die auf alle Arten von Situationen passt, in denen Menschen etwas verändern, verbessern oder weiterentwickeln wollen.

Reteaming *dient vielen Zwecken*, d. h., es ist auf eine große Bandbreite von Situationen anwendbar, in denen man die Art und Weise, wie Individuen oder Gruppen funktionieren, verändern bzw. verbessern möchte. Reteaming eignet sich neben anderen Dingen zur Problemlösung, zum Coaching, zur Persönlichkeitsentwicklung, Teambildung, zum Veränderungsmanagement und zur Organisationsentwicklung.

Reteaming ist ein *Stufenprogramm*, das aus 12 logisch aufeinander aufbauenden Schritten besteht. Im ersten Schritt entwickelt man eine Vision, einen Traum, wie man sich die Dinge in der Zukunft wünscht. Dann benennt man ein spezifisches Ziel, das einem helfen soll, diese Vision oder diesen Traum wahr werden zu lassen ... Die meisten der nachfolgenden 10 Schritte sollen einen befähigen, dieses Ziel zu erreichen.

Reteaming ist für *Einzelne sowie Gruppen von Menschen* geeignet. Viele Menschen werden sich unter dem Begriff Reteaming zunächst einmal etwas wie Teambildung vorstellen oder wie man Gruppen dazu bewegt, zusammen daran zu arbeiten, wie sie wieder auf den richtigen Weg gelangen oder ihre Zusammenarbeit verbessern können. So haben wir den Begriff anfangs auch verwendet. Aber nach einiger Zeit sahen wir, dass sich genau dieselben Schritte auch auf die Arbeit mit Einzelnen anwenden ließen, und der Begriff bekam eine breitere Bedeutung und bezog sich fortan sowohl auf Gruppen als auch auf Individuen.

Reteaming dient der *Veränderung zum Besseren.* Es ist ein Werkzeug, das Menschen bei der Entwicklung von Projekten hilft, die die Art, wie Individuen oder Gruppen funktionieren, verbessern sollen.

Reteaming erleichtert das *Setzen von Zielen.* Es ist ein zielorientiertes Programm. Die ersten Schritte widmen sich der Klärung und Benennung eines wichtigen Ziels, das man erreichen möchte.

Reteaming *erhöht die Motivation und verbessert die Kooperation.* Hierin liegt auch der eigentliche Kern von Reteaming – in seiner inhärenten Tendenz, die Motivation anzukurbeln und bei den Menschen, die in den Prozess einbezogen sind, eine Atmosphäre zu erzeugen, die von gegenseitiger Anerkennung und Hilfsbereitschaft geprägt ist.

Das Besondere an Reteaming

Wenn Sie sich ein Reteaming-Arbeitsbuch oder eine illustrierte Darstellung des 12-Stufen-Programms ansehen, könnte Ihre erste Reaktion lauten: Was ist denn nun so besonders an diesem Programm? Ziele zu setzen und Schritte zum Erreichen der Ziele in Angriff zu nehmen, ist schließlich ein Hauptbestandteil jeder Art von Beratung, Coaching oder Therapie von Individuen bzw. Gruppen, die ihre *Interaktion* verbessern möchten. Es sticht einem vielleicht nicht gleich ins Auge, aber es gibt tatsächlich etwas ganz Besonderes und Einzigartiges an Reteaming. Andernfalls hätte dieses Buch schließlich keine Berechtigung.

Erstens erzeugt Reteaming eine ganze Menge *Hoffnung* und *Optimismus.* Sogar Menschen, die frustriert und demoralisiert sind, werden zunehmend hoffnungsvoll und optimistisch, wenn sie ihren Weg durch die Stufen des Reteaming-Programms gegangen sind.

Zweitens baut Reteaming *Motivation* auf. Wir alle wissen, wie man sich Ziele setzt und ernsthafte Pläne macht, um sie zu erreichen, aber wenn es uns an Motivation fehlt, können selbst die großartigsten Ziele nicht realisiert werden. Ganz unauffällig wird durch Reteaming die nötige Motivation aufgebaut, dahin zu gelangen, wohin man möchte. Jeder einzelne Schritt dieses Prozesses ist von einem klaren und präzisen Verständnis der Motivation durchdrungen, mit dem Sie bald vertraut sein werden, wenn Sie weiterlesen.

Drittens erhöht Reteaming auch die eigene *Kreativität* – wahrscheinlich als Folge der entspannten Haltung, die man bei diesem Prozess entwickelt. Eine nicht anklagende Atmosphäre, in der sich die Teilnehmer nicht genötigt fühlen, sich zu verteidigen, fördert die Entstehung neuer Ideen und die Bereitschaft, diese Ideen mit anderen zu teilen.

Last but not least: Reteaming steigert auch die *Kooperation* und die *Eintracht* zwischen den Menschen. Im Reteaming wird Veränderung als ein kollektiver Prozess angesehen, als etwas, das man gemeinsam mit anderen tut. Individuen, die etwas verändern möchten, benötigen in den allermeisten Fällen Hilfe, Unterstützung und Ermutigung von anderen Menschen. Reteaming sorgt dafür, dass man seine Ziele nicht in der Abgeschiedenheit setzt oder erreicht. Man weist anderen

Menschen, also Freunden, Familienmitgliedern oder Kollegen, eine entscheidende Rolle in diesem Prozess zu. Und wenn es darum geht, Veränderungen innerhalb von Teams oder Organisationen zu erreichen, ist die Zusammenarbeit der beteiligten Individuen eine Voraussetzung für jede positive Entwicklung. Das Reteaming-Programm ist so angelegt, dass es die Verbindung zwischen den Menschen stärkt und wieder einen Gemeinschaftssinn entstehen lässt.

Es ist denkbar, dass der positive Effekt von Reteaming auf die soziale Umwelt als Bonus oder als eine Art glückliche Nebenwirkung des Prozesses angesehen wird. Unserer Meinung nach ist es jedoch genau umgekehrt: Die positiven Auswirkungen von Reteaming sind zu einem Großteil das Resultat des verstärkten Gemeinschaftssinns, der während des Prozesses entsteht.

Fünf Grundregeln der Motivation

Bevor wir nun daran gehen, die 12 Schritte des Reteaming-Programms zu beschreiben, möchten wir unsere Auffassung des Begriffs Motivation erörtern, also der Energie, der Entschlossenheit bzw. der treibenden Kraft, die bewirkt, dass wir bestimmte Dinge tun möchten und sie auch in die Tat umsetzen.

Das alte Sprichwort »Wo ein Wille ist, ist auch ein Weg« bringt es auf den Punkt. Je höher Ihre Motivation ist und je entschlossener Sie das Ziel erreichen wollen, umso größer ist die Wahrscheinlichkeit, dass Ihr Streben auch von Erfolg gekrönt sein wird.

Was ist es also, das uns motiviert und entschlossen sein lässt, unsere Ziele zu verfolgen? Denn schließlich ist es für keinen von uns besonders schwierig herauszufinden, was wir erreichen möchten. Die echte Herausforderung besteht darin, die dazu nötige Energie und Entschlusskraft zu mobilisieren. Reteaming beinhaltet eine besondere Auffassung des Begriffs Motivation. Nach dieser Sichtweise gibt es fünf Grundregeln der Motivation, von denen es abhängt, ob man ein gesetztes Ziel erreichen kann – egal, ob es um den Hausputz geht oder darum, einen Stein auf den Mond zu katapultieren. Diese Regeln lauten:

1. Sie spüren, dass es sich um Ihr eigenes Ziel handelt.
2. Das Ziel besitzt für Sie Gültigkeit.
3. Sie haben die Zuversicht, dass Sie es schaffen können.
4. Sie merken, dass Sie Fortschritte machen.
   Und zu guter Letzt:
5. Sie sind darauf vorbereitet, mit möglichen Rückschlägen umzugehen.

Mit anderen Worten: Um sich zum Erreichen eines Ziels zu motivieren, müssen Sie zuallererst das Gefühl haben, dass das Ziel von Ihnen selbst gesteckt ist, dass es nicht etwas ist, das jemand anderes Ihnen nahegelegt hat, sondern etwas, bei dem Sie selbst entschieden haben oder zumindest selbst an der Entscheidung beteiligt waren, dass Sie es erreichen wollen.

Zweitens müssen Sie sich sicher sein, dass das Ziel einen gewissen Wert darstellt, dass es also wirklich wert ist, verfolgt zu werden – etwas

Signifikantes, das mehrere wichtige positive Auswirkungen haben wird.

Drittens müssen Sie die Zuversicht haben, dass das Ziel erreichbar ist und dass Sie die Ressourcen und die Fähigkeiten besitzen sowie die nötige Unterstützung haben, es zu erreichen.

Viertens: Um Ihre Motivation während der Arbeit an Ihrem Projekt (das Ziel zu erreichen) aufrechtzuerhalten, müssen Sie sehen können, dass Sie Fortschritte machen, dass Sie erfolgreich sind in dem, was Sie tun. Das heißt: Wenn Sie Ihrem Fortschritt keine Aufmerksamkeit schenken und Ihre Erfolge übersehen, gehen Sie das Risiko ein, frustriert und demoralisiert zu werden und Ihre Motivation zu verlieren.

Und zu guter Letzt sollten Sie sich auch darauf vorbereiten, mit möglichen Hindernissen und Rückschlägen auf Ihrem Weg umzugehen. Wenn Sie nicht darauf vorbereitet sind, besteht die Gefahr, dass Sie davon völlig überrascht werden und Ihre Entschlossenheit hinsichtlich der Zielerreichung verlieren.

Wir möchten diese fünf Punkte mit einem Beispiel veranschaulichen. Stellen Sie sich vor, Sie müssen Ihre Wohnung renovieren. Um die Motivation aufzubringen, dieses Ziel Wirklichkeit werden zu lassen, ist es wichtig, dass es Ihr eigenes Ziel ist. Es ist nicht so, dass jemand Ihnen dies einfach vorgeschlagen hat, sondern es ist etwas, von dem Sie selbst beschlossen haben, dass es gemacht werden muss. Sie müssen erkennen, dass die Renovierung wichtig ist und dass sie Ihnen definitive Vorzüge verschaffen wird – sei es, dass sie den Wert der Wohnung steigert, sei es, dass sie Ihnen mehr Raum verschafft oder den Lebensstandard erhöht … Je mehr Vorzüge Sie sehen können, umso eher werden Sie willens sein, die Renovierung durchzuführen. Aber das ist noch nicht alles. Sie müssen auch die Zuversicht haben, dass Sie die Fähigkeiten besitzen, es zu tun oder es zu delegieren. Die Zuversicht dürfte verstärkt werden, wenn Sie Erinnerungen an frühere erfolgreich durchgeführte Renovierungen haben oder wenn Sie Menschen kennen, die Ihnen helfen können, oder wenn Sie anerkennen, was für eine umfangreiche Sammlung an brauchbarem Werkzeug Sie über die Jahre in Ihrer Garage angehäuft haben.

Ihre primäre Motivation dürfte hoch sein, wenn Sie das Gefühl haben, dass es Ihre eigene Idee ist, wenn Sie viele Vorzüge erkennen können und glauben, dass es Ihnen möglich ist, es zu schaffen. Aber wenn Sie beginnen, daran zu arbeiten, werden Sie etwas brauchen, was Ihre Motivation aufrechterhält: Sie brauchen das Gefühl, dass Sie Fortschritte machen, dass Sie vorwärtskommen und dass Ihre Renovierung vorangeht. Die glänzenden Türen Ihres neuen Küchenschranks oder die frisch gestrichenen Wände mit eigenen Augen zu sehen, gibt Ihnen die Kraft, bis zum Ende durchzuhalten.

Und schließlich ist es auch noch wichtig, dass Sie angesichts von Rückschlägen nicht aufgeben, sondern einen Weg finden, wie man positiv damit umgeht – egal, ob es darum geht, dass Sie sich mit dem Hammer auf den Daumen geschlagen haben, oder ob einer Ihrer Handwerker das Badezimmer mit den falschen Fliesen ausgekleidet hat.

Den Teig aufgehen lassen

Wenn man es mit einer Metapher ausdrücken möchte, kann man die Motivation ein bisschen mit Brotbacken vergleichen, bei dem man, bevor der Teig schließlich in den Ofen geschoben wird, erst einige Schritte unternehmen muss, nämlich die Zutaten mischen, den Teig kneten und den Teig aufgehen lassen.

Bei dieser Metapher steht das eigentliche In-den-Ofen-Schieben des Brots dafür, tätig zu werden, um das eigene Ziel zu erreichen. Damit das Brot aber genießbar aus dem Ofen kommt, damit die ganze Aktion also funktionieren kann, muss man eine Reihe von Schritten zur Erhöhung der Motivation in Angriff nehmen.

Zuerst müssen Sie sich entscheiden, was für eine Art von Brot Sie backen möchten, und die dazu benötigten Zutaten vermengen, um so den Teig herzustellen. Das entspricht dem Entwickeln einer Idee, wie man die Dinge in der Zukunft gerne hätte, und der Entscheidung, welches das angestrebte Ziel sein soll. Dann müssen Sie dem Teig Zeit zum Aufgehen geben, was dafür steht, dass man die Motivation, die für das Erlangen des Ziels nötig ist, aufbauen muss.

Motivation aufzubauen – oder dem Teig die Gelegenheit zum Aufgehen zu geben – ist der zentrale Aspekt von Reteaming. Bevor Sie das Realisieren des Ziels in Angriff nehmen, untersuchen Sie eine Reihe von Punkten, die dazu beitragen können, Ihre Motivation zu steigern. Sie werden z. B. die unterschiedlichen Vorteile, die das Ziel mit sich bringt, auflisten, Personen benennen, die hilfreich sein könnten, Ihre eigenen Ressourcen herausfinden und erkennen, welchen Fortschritt Sie bereits gemacht haben.

Reteaming ist offensichtlich eine vernünftige Methode, Menschen dabei zu helfen, sich Ziele zu setzen und sie zu erreichen, aber bei genauerem Hinsehen werden Sie herausfinden, dass es mehr als das ist. Es ist ein Stufenprozess zur Steigerung der Motivation und zum Aufbau der Zusammenarbeit von Menschen, die für das Erreichen des Ziels von Bedeutung sind.

Reteaming im Überblick

Bevor wir jeden der 12 Schritte von Reteaming im Einzelnen erklären, möchten wir Ihnen zunächst eine Übersicht über die Schritte geben.

1. Beschreiben Sie Ihre Vision

Der Reteaming-Prozess beginnt in der Zukunft. Sie werden aufgefordert, sich selbst in die Zukunft zu projizieren und sich vorzustellen, dass Sie vollkommen zufrieden damit sind, wie die Dinge laufen, sei es in Ihrem Privatleben, in Ihrer Familie oder bei der Arbeit. Die Vision Ihrer idealen Zukunft stellt das Fundament dar, auf dem alle weiteren Schritte des Reteaming-Prozesses aufbauen.

2. Legen Sie sich auf ein Ziel fest

Sie werden dann gebeten, eine Reihe von Zielen zu identifizieren, deren Erreichen Ihnen dabei helfen würde, Ihre Vision zu verwirklichen. Mit Zielen meinen wir konkrete Dinge, die Sie ändern müssen, spezifische Fähigkeiten, die Sie erlernen müssen, oder besondere Aufgaben, die Sie vollenden müssen. Bevor Sie weitergehen, müssen Sie eine Wahl treffen, Sie müssen sich entscheiden, welches Ihrer Ziele Sie erreichen möchten.

3. Suchen Sie sich Helfer

Um Ihr Ziel zu erreichen, werden Sie die Hilfe, Unterstützung und Ermutigung von anderen Menschen benötigen. Nehmen Sie sich die Zeit, all diejenigen Personen zu identifizieren, die Ihnen in irgendeiner Weise hilfreich sein könnten. Überlegen Sie, wie Sie diese Personen über Ihr Ziel informieren können und wie Sie sie einladen können, zu Ihrem Projekt beizutragen.

4. Schauen Sie auf den Nutzen

Wenn Sie sich entschieden haben, welches Ziel Sie in Angriff nehmen möchten und wer Ihre Helfer sein werden, werden Sie darangehen, den Nutzen, den Sie aus dem Erfolg ziehen können, zu erkunden. Sie werden sich all die vielen positiven Auswirkungen, die das Erreichen des Ziels mit sich bringen wird, vorstellen, und zwar Auswirkungen nicht nur auf Sie selbst, sondern auch auf andere Menschen, Ihre Helfer eingeschlossen.

5. Achten Sie auf bisherige Fortschritte

Egal, für welches Ziel Sie sich entschieden haben: Es ist sehr unwahrscheinlich, dass Sie nicht auch vorher schon einmal über diese Idee nachgedacht haben. Man kann sogar relativ sicher davon ausgehen, dass Sie schon einen gewissen Fortschritt gemacht haben, dass Sie also schon auf dem Weg sind, dass Sie schon etwas unternommen haben, die Dinge in Richtung Ihres Ziels zu verändern. Bevor Sie zum nächsten Schritt weitergehen, sollten Sie einmal gründlich betrachten, ob es irgendwelche Hinweise für bereits gemachte Fortschritte gibt.

6. Planen Sie künftige Fortschritte

Beim Reteaming versteht man unter einem Fortschritt in Richtung des Ziels ein Vorankommen in kleinen Schritten. Um sich den Prozess stufenweise vorzustellen, sollten Sie davon ausgehen, dass die Dinge gut laufen und dass Sie innerhalb einer akzeptablen Zeit Ihr Ziel erreichen werden. Auf der Basis dieser Vorstellung werden Sie nun eine Folge anschaulicher Bilder einer Serie von kleinen Schritten erzeugen, die zum Ziel führen.

7. Stellen Sie sich den Herausforderungen

Man kann davon ausgehen, dass es für Sie nicht leicht sein wird, Ihr Ziel zu erreichen; es wäre wohl wenig sinnvoll, ein Ziel auszuwählen, das in keiner Weise eine Herausforderung darstellt. Bevor Sie nun im nächsten Schritt Gründe für ihre Zuversicht zusammentragen, müssen Sie einen Moment innehalten, um anzuerkennen, dass das Erreichen des Ziels nicht leicht sein wird, und ein Bewusstsein dafür entwickeln, aus welchen Gründen es schwierig sein könnte.

8. Fördern Sie Optimismus

Auch wenn das Erreichen Ihres Ziels nicht einfach erscheint, bedeutet das nicht, dass es unmöglich ist. Um Zuversicht zu gewinnen, werden Sie nun alle verfügbaren Ressourcen auflisten und auch jede weitere Information, die den Eindruck untermauert, dass Sie das Ziel erreichen können.

9. Geben Sie ein Versprechen

Um Fortschritte zu machen, werden Sie nun irgendwann aktiv werden müssen. Beim Reteaming geht man davon aus, dass Sie größere Erfolgschancen haben, wenn Sie statt dem Schmieden umfangreicher Pläne einfach nur eine Entscheidung über den nächsten Schritt treffen und dies Ihrem »Publikum« mitteilen – damit sind Leute gemeint, die Ihnen helfen möchten oder die Ihnen zum Erreichen Ihres Ziels Mut zusprechen. Es geht hier darum, dass Sie von einem Follow-up zum nächsten immer wieder Versprechen geben, was Sie in der Zwischenzeit für das angestrebte Ziel unternehmen werden.

10. Führen Sie ein Fortschrittstagebuch

Das Follow-up hat beim Reteaming einen zentralen Stellenwert. Es wird in einer ganz speziellen Art und Weise ausgeführt, wobei bei der Beobachtung die Betonung auf dem Fortschritt liegt. Sie werden im Rückblick die Entwicklung Ihres Projekts überdenken und dabei alle Anzeichen des Fortschritts herausheben und die Aufmerksamkeit auf die Momente des Erfolgs lenken. Um sicherzustellen, dass Sie Ihren Fortschritt bemerken, brauchen Sie eine Methode, wie Sie sich unterwegs Ihre Erfolgsschritte notieren können.

11. Bereiten Sie sich auf mögliche Rückschläge vor

Wenn etwas Zeit vergangen ist und Sie immer wieder Entscheidungen treffen, was als Nächstes zu tun ist, während Sie Ihren Fortschritt sorgfältig dokumentieren, kann es Ihnen manchmal passieren, dass eine positive Entwicklung nicht ganz so eintritt, wie Sie sich das erhofft haben. Es könnte sein, dass Sie verschiedene Arten von Rückschlägen erleben, und in solchen Fällen ist es wichtig, dass Sie sich davon nicht zu sehr entmutigen lassen. Wenn man potenzielle Rückschläge antizipiert und Ideen entwickelt, wie man damit umgehen kann, ohne den Antrieb zu verlieren, ist das ein wichtiger Beitrag zum Erfolg.

12. Feiern Sie Ihren Erfolg und danken Sie Ihren Helfern

Früher oder später werden Sie an den Punkt gelangen, an dem Sie das Gefühl haben, dass Sie Ihr Ziel erreicht haben oder genügend Fortschritte gemacht haben, um stolz auf das Erreichte zu sein. Hier werden Sie zurückschauen und Ihren Fortschritt betrachten. Sie werden analysieren, was den Fortschritt bedingt hat, und ein Bewusstsein dafür bekommen, in welcher Weise Ihre Helfer oder irgendwelche anderen Menschen zu Ihrem Erfolg beigetragen haben. Schließlich werden Sie einen Weg finden, diesen Menschen zu danken und sie zu würdigen.

Jetzt, wo Sie sich mit den Schritten des Reteaming-Programms vertraut gemacht haben, werden wir jeden einzelnen Schritt im Detail beleuchten.

Reteaming Schritt für Schritt

Schritt 1: Beschreiben Sie Ihre Vision

Nur die Träume, die auch geträumt werden, können wahr werden.

Reteaming beginnt in der Zukunft, und zwar damit, dass ein Bild davon entworfen wird, wie ein Individuum oder eine Gruppe von Menschen die Dinge in der Zukunft gerne hätte, z. B. in einem Monat, in einem Jahr oder in fünf Jahren. Hier sind drei Beispiele, wie man Menschen dabei helfen kann, solche Informationen zusammenzutragen.

Coach zu einem Einzelnen:
Stellen Sie sich vor, dass Sie in einem Jahr vollkommen zufrieden mit Ihrem Leben sind. Sie haben das Gefühl, dass dies die beste Phase Ihres Lebens ist. Ihre derzeitigen Probleme gehören der Vergangenheit an, und alles scheint gut zu laufen. Sie genießen Ihre Arbeit bzw. Ihr Studium genauso wie Ihre Freizeit. Beschreiben Sie in der Gegenwartsform im Detail, wie die Dinge bei Ihnen laufen. Wo leben Sie? Was tun Sie? Woran arbeiten Sie gerade? Wie sieht es mit Beziehungen aus? Wie läuft ein normaler Tag oder eine normale Woche ab? Inwiefern unterscheidet sich das Leben jetzt im Vergleich zu vorher, wenn Sie zurückblicken?

Damit wir zusammenarbeiten können, werden Sie sich entscheiden müssen, welches Ziel Sie anstreben wollen, d. h. etwas, worin Sie besser werden wollen, oder etwas, das Sie verändern wollen. Aber bevor wir das tun, würde ich gern ein wenig über Ihre Zukunftsvorstellungen erfahren. Wenn Sie Ihre Visionen verwirklichen könnten: Was würden Sie sich erhoffen, wie Ihr Leben in – sagen wir einmal – ein oder zwei Jahren aussehen wird? Wie werden die Dinge dann für Sie stehen? Was wäre anders und was wäre gleich geblieben?

Coach zu einem Team:
Stellen Sie sich vor, dass dieses Projekt zur Teamentwicklung sehr erfolgreich sein wird. In sechs Monaten werden Sie ein Follow-up-Meeting haben, und Sie werden sich alle einig sein, dass sich die Dinge zum Besseren verändert haben. Sie werden sogar vollkommen zufrieden damit sein, wie die Dinge inzwischen laufen. Lassen Sie uns mit der Entwicklung einer derartigen Vision beginnen, die uns leiten und die Richtung für unsere gemeinsame Arbeit vorgeben soll, okay?

Denselben Ansatz könnte man auch mit kleinen Veränderungen als Lehrer einer Schulklasse von Mittelstufenschülern anwenden.

Lehrer zu einer Schulklasse:
Ich habe diesen merkwürdigen Brief auf meinem Pult gefunden. Ich weiß nicht, von wem er kommt, aber er ist an diese Klasse adressiert. Ich will ihn euch vorlesen:

»Mein Name ist Dumbledore. Ihr dürftet in den Harry-Potter-Büchern über mich gelesen haben. Ich habe eure Klasse jetzt eine Zeit lang beobachtet und bin zu der Überzeugung gelangt, dass ihr die spezielle Gruppe von Kindern seid, die ich gesucht habe. Ich glaube, dass ihr das Potenzial habt, eure Klasse in eine Meisterklasse zu verwandeln. Wenn ihr bereit seid, die Herausforderung anzunehmen und hart dafür zu arbeiten, wartet am Ende eine Belohnung auf euch. Wenn ihr diese Herausforderung annehmt, werde ich euch die erste Aufgabe verraten. Sie besteht darin, mir eure Vision zu beschreiben, wie eine Meisterklasse aussieht: Wenn ihr eine Meisterklasse geworden seid, wie werdet ihr euch dann benehmen? Wie werdet ihr zusammenarbeiten? Was werde ich sehen können, was sich deutlich von dem vorherigen Zustand unterscheidet? Teilt mir eure Vision in Worten und Bildern mit oder vielleicht sogar mit einem kleinen Theaterstück. Ihr werdet eure nächste Aufgabe erst dann von mir bekommen, wenn ihr die erste vollständig erledigt habt und euer Lehrer mir von euren Leistungen berichtet hat.«

Worum geht es?

Das Benennen eines Ziels, mit dem man arbeiten möchte, ist der wesentliche Punkt des Reteaming-Prozesses. Kein Ziel – kein Reteaming. Eine klare Vision davon, wie unsere Zukunft aussehen soll, ist das Fundament, auf dem es möglich wird, Ziele zu identifizieren – Dinge zu benennen, die man lernen, verändern oder entwickeln will und die dazu beitragen können, unsere Visionen zu verwirklichen. Unsere Visionen stellen unsere zentralen Werte dar und umgekehrt. Die innersten Werte einer Person zu kennen, verschafft einem einen guten Eindruck davon, welche Art Zukunftsträume diese Person wohl haben mag. Ziele, die auf unsere Zukunftsträume hin ausgerichtet sind, sind automatisch mit unseren innersten Werten verbunden und daher definitionsgemäß motivierend und erstrebenswert.

Allerdings ist das Klären, wie unsere Zukunft aussehen soll, nicht nur dafür gut, Ziele zu benennen, an denen wir arbeiten wollen. Es ist auch noch aus anderen Gründen nützlich.

Eine positive Zukunftsvision zu haben ist ein wichtiger Faktor des psychischen Wohlbefindens. Eine Depression ist von Hoffnungslosigkeit gekennzeichnet, was praktisch gleichbedeutend mit einem Mangel an positiver Zukunftsvision ist. Wenn wir in unserem Leben größere Verluste erleiden – sei es, dass wir einen Job verlieren oder einen nahestehenden Menschen –, werden wir traurig und trübsinnig. Ein Grund dafür ist der, dass wir unsere Visionen verlieren. Die Zukunftsvision, die wir zuvor hatten, ist ganz plötzlich nicht mehr zu verwirklichen. Ein wichtiger Aspekt des Erholungsprozesses ist es, Schritt für Schritt eine positive Vision der Zukunft wiederherzustellen, indem man frühere Visionen durch neue ersetzt und damit gleichzeitig Raum für alternative Sichtweisen schafft, wie das Morgen aussehen kann. Glücklicherweise ist die Zukunft ein Land, das niemandem gehört. Wenn wir Zukunftsvisionen entwickeln, haben wir die Freiheit, zu spekulieren, kreativ zu sein und von unserer Vorstellungskraft

Gebrauch zu machen. Die Vision unserer Zukunft beeinflusst die Art, wie wir die Gegenwart und unsere Vergangenheit betrachten.

Manche Menschen scheuen davor zurück, positive Visionen ihrer Zukunft aufzubauen. »Ich lebe in den Tag hinein«, sagen sie, als wenn sie sich selbst davor schützen wollten, mögliche Enttäuschungen zu erleben, sollten ihre Visionen zunichtegemacht werden. Diese protektive Lebensstrategie mag sicherlich bei manchen Menschen funktionieren, aber sie fordert doch einen hohen Preis. Schließlich ist es etwas fundamental Menschliches, Hoffnungen für die Zukunft zu haben, von einer besseren Zukunft zu träumen und hart daran zu arbeiten, die eigenen Visionen zu verwirklichen. Wir alle tun das, und es verleiht unserem Leben Bedeutung.

Indem wir das tun, liefern wir uns selbst der Möglichkeit von Enttäuschungen aus, aber wir geben uns auch die Chance, die Befriedigung einer vollbrachten Leistung zu empfinden.

Es zeugt von einigem Respekt, Klienten dazu einzuladen, über ihre Zukunftshoffnungen und Visionen zu sprechen. Man vermittelt damit die Botschaft: »Es ist nicht meine Aufgabe, Ihnen zu sagen, wie Sie leben sollten (oder wie Ihre Organisation zu funktionieren hat), sondern ich bin neugierig zu erfahren, was Sie für Vorstellungen haben, in welche Richtung sich die Dinge Ihrem Wunsch gemäß bewegen sollen.« Sie setzen nicht Ihre eigenen Ansichten durch. Sie erlauben vielmehr Ihren Klienten, Ihnen zu beschreiben, wohin sie gehen möchten.

Mit Menschen über Ihre Zukunftsziele zu sprechen dient nicht nur dazu, Hoffnung und Optimismus zu erzeugen; es befördert auch die Kooperationsfähigkeit zwischen Menschen. Die Zukunft ist üblicherweise ein neutrales Terrain, das nicht dazu neigt, ernsthafte Meinungsverschiedenheiten oder Konflikte heraufzubeschwören, was häufig geschieht, wenn Menschen über Probleme sprechen und darüber, wie man sie aus dem Weg räumen sollte. Wenn Menschen davor bewahrt werden sollen, in Streit mit anderen zu geraten, dürfte es eine kluge Wahl sein, sie zur Beschreibung ihrer Wunschzukunft zu ermuntern. Sogar Menschen, die in fast allen Punkten vollkommen unterschiedlicher Meinung sind, können sich überraschenderweise darüber einigen, wie sie sich die Dinge in der Zukunft wünschen würden.

Wie macht man das?

Es ist leichter gesagt als getan, Menschen Informationen über Ihre Zukunftsträume zu entlocken. Viele Leute haben gar kein klares vorgefertigtes Bild davon, wie sie sich ihre Zukunft vorstellen. Es kann eine Weile dauern und eine gewisse Anstrengung erfordern, solche Projektionen zu entwickeln – insbesondere, wenn sie lebendig und detailreich ausgeführt werden sollen.

Nehmen wir einmal an, Sie würden eine Person über ihre ideale Zukunft interviewen, und die Person würde auf einen Großteil der Fragen mit »Ich weiß nicht« antworten. Das würde Sie wahrscheinlich frustrieren, und Sie würden den Drang verspüren, die Sache aufzugeben. Was wir allerdings empfehlen, ist, dranzubleiben und den Klienten mithilfe sanfter Fragen dabei zu unterstützen, eine Vision seiner idealen Zukunft zu entwickeln.

> Coach: Wie sollte Ihre Ehe ihrem Wunsch nach in der Zukunft aussehen?
> Klient: Ich weiß nicht.
> Coach: Es ist nicht einfach, das zu beantworten, aber überlegen Sie einmal. Wo würden Sie leben? ... Wie würde Ihr Alltag aussehen? ... Was wäre ein Charakteristikum Ihrer Art, miteinander zu kommunizieren? Können Sie mir einige Dinge nennen, die Sie in Bezug auf Ihre Ehe glücklich machen würden?

* * *

> Coach: Wie würden Sie zusammenarbeiten, wenn dieses Projekt beendet ist – angenommen, das Projekt ist sehr erfolgreich?
> Klient: Das ist eine schwierige Frage.
> Coach: Das stimmt wohl, aber es ist eine wichtige Frage. Ich hätte gerne, dass Sie sich in kleine Gruppen aufteilen und dass jede Gruppe eine Antwort auf die folgende Frage formuliert: »Nehmen wir an, dass Sie Ihre Zusammenarbeit erfolgreich verbessern können – wie würde sich dies für Sie und Außenstehende, die Ihre Zusammenarbeit beobachten, zeigen?«

Zur Beschreibung ihrer idealen Zukunft müssen die Menschen von ihrer Vorstellungskraft Gebrauch machen. Um sie dazu zu befähigen, sollten Sie Ihre Fragen in einer Art und Weise stellen, die es den Klienten erlaubt, Zugang zu ihrer Imaginationsfähigkeit zu bekommen. Zum Beispiel könnten Sie statt der Frage »Wie würde Ihr Leben in einem Jahr aussehen, wenn alles gut läuft?« wie folgt formulieren: »Wir wollen uns einmal vorstellen, dass ein Jahr vergangen ist. Wählen Sie ein Datum. Wo sind Sie? Sie lächeln, Sie strahlen. Warum? Was geschieht in dem Moment gerade in Ihrem Leben, das Ihnen ein solches Strahlen verleiht? Ich hätte gerne, dass Sie die Frage in der Gegenwartsform beantworten, indem Sie sich vorstellen, dass Sie wirklich schon an diesem Punkt sind.«

Falls Sie als Familientherapeut fragen: »Wenn diese Therapie anschlägt und Sie mit dem Ergebnis zufrieden sind, was wird dann in der Zukunft anders sein?«, dann könnte es sein, dass Sie keine besonders brauchbare Antwort bekommen. Sie könnten aber die Chance auf eine bei weitem aussagekräftigere Antwort dadurch erhöhen, dass Sie Ihre Frage etwas imaginärer formulieren, etwa so: »Sagen wir einmal, ich verwandele mich in eine Fliege und fliege eines Tages in Ihre Wohnung und lande auf der Lampe über Ihrem Esstisch. Es ist Sonntag und Sie sitzen beim Abendessen. Alle scheinen guter Laune zu sein und ich habe den Eindruck, dass Sie darüber sprechen, wie gut die Woche für Sie alle gelaufen ist. Was kann ich im Einzelnen hören? Was erzählen Sie sich gegenseitig? Welche Dinge sind in der Familie im Verlauf der vergangenen Woche geschehen, die Sie so glücklich machen?«

Wenn Sie sich daran gewöhnt haben, die Klienten danach zu fragen, wie sie ihre ideale Zukunft sehen, werden Sie herausfinden, dass es den Menschen manchmal leichter fällt, eine Frage in negierender Form zu beantworten als in positiver. Zum Beispiel könnten sie sagen: »Ich fühle mich gut, weil mein Chef sich nicht dauernd über meine Arbeit beklagt« oder: »In unserem Team läuft es gut, weil wir uns nicht mehr gegenseitig ignorieren.« Sie werden die Zukunft mittels der Dinge beschreiben, die sie an ihrer gegenwärtigen Situation enervierend finden und die nun fehlen. Wenn das passiert, sollten Sie ihnen helfen, ihre negativen Formulierungen in positive zu verwandeln. »Und jetzt, wo Ihr Chef Sie nicht mehr schikaniert, was tut er stattdessen?« oder: »Und jetzt, wo Sie sich nicht mehr gegenseitig ignorieren, was tun Sie stattdessen? Inwiefern gehen Sie jetzt anders miteinander um?« Dadurch werden Sie den Klienten helfen, in Worte zu fassen, wie ihre ideale Zukunft tatsächlich aussehen soll, statt dass sie Ihnen immer nur erzählen, wie sie nicht aussehen soll.

Sie möchten, dass das Bild von der idealen Zukunft so lebendig und detailreich wie möglich ist. Daher rührt es auch, dass wir uns in der Sprache von Reteaming entschlossen haben, den Begriff »Traum« eher durch »Vision« zu ersetzen, wenn wir von Bildern der Zukunft sprechen.

Wie Sie bereits wissen, können Sie Menschen helfen, lebhafte Visionen über ihre Zukunft zu entwickeln, indem Sie sie bitten, sich etwas auszumalen, das man »Zukunftsprojektionen« nennen könnte, d. h. sich vorzustellen, dass sie bereits in der Zukunft angelangt sind, und dann die Situation so zu beschreiben, als sei es die Gegenwart. Eine andere effektive Methode ist es, die Klienten zu bitten, ihre Zukunft aus der Perspektive eines außenstehenden Beobachters zu betrachten.

- Wenn die Dinge in der Zukunft gut laufen, welche Veränderung würde Ihrem besten Freund an Ihnen auffallen?
- Stellen Sie sich vor, dass ich im nächsten Juni, wenn dieses Projekt beendet ist, Ihre Chefin anrufe, um zu erfahren, wie es läuft? Sie wird mir begeistert über das Ergebnis berichten. Was genau, denken Sie, würde sie mir erzählen?

Um das Bild noch weiter auszuschmücken, ist es äußerst nützlich, wenn man die Frage »Was sonst noch?« häufig einsetzt.

> COACH: Wie wird es bei Ihnen nächstes Weihnachten aussehen, wenn Sie mit der Situation zufrieden sind?
> KLIENT: Ich werde immer noch meinen Job haben.
> COACH: In Ordnung, das klingt gut. Was noch?
> KLIENT: Ich werde wieder angefangen haben, mit meinem Freund Tom zu joggen.
> COACH: Sie werden Ihren Job noch haben, Sie werden wieder regelmäßig mit Tom joggen. Was noch?

Wenn es Ihre Aufgabe ist, den Leuten dabei zu helfen, ihre Arbeitsweise zu verbessern, werden Sie in den meisten Fällen feststellen, dass die Menschen gerne über ihre Zukunftsträume sprechen und dass sie dieses Thema durchaus relevant finden. Allerdings gibt es auch Situationen, wo man den Eindruck hat, dass die Klienten sich nur widerwillig auf irgendeine Diskussion über die Zukunft einlassen.

Ein Grund dafür könnte sein, dass sie keinen Sinn darin sehen, dies zu tun. In solchen Fällen kann es hilfreich sein, wenn Sie ihnen ganz offen und klar Ihre Gründe darlegen, warum Sie möchten, dass sie über ihre Zukunft sprechen.

> Ich habe einen Vorschlag, wie wir unsere Unterhaltung beginnen können. Ich weiß, dass Ihnen das vielleicht etwas merkwürdig vorkommt, aber ich glaube, es wäre nützlich. Ich hätte gerne, dass Sie mir irgendeine Art von Bild davon malen, wie die Dinge Ihren Wünschen gemäß im besten Falle aussehen könnten, wenn unsere Arbeit vorüber ist. Wenn wir davon eine Idee bekommen, kann uns das eine Richtung vorgeben, eine klarere Vorstellung davon, was wir erreichen möchten. Was meinen Sie dazu?

Manchen Menschen widerstrebt es, sich auf ein Gespräch über ihre Zukunft einzulassen, weil sie mit einem Problem beschäftigt sind, über das sie gerne sprechen möchten. In solchen Situationen kann einem das Thema der idealen Zukunft zu weit hergeholt und irrelevant erscheinen. Eine brauchbare Leitlinie ist es, die Klienten »dort abzuholen, wo sie stehen«, die Diskussion über die Zukunft zu verschieben und ihnen zunächst einmal zu erlauben, über das zu sprechen, was sie gerade beschäftigt. Es ist für uns alle wichtig, das Gefühl zu haben, dass wir angehört werden, bevor wir bereit sind, in systematischer, zukunftsorientierter Weise an den Problemen zu arbeiten.

> Es ist mir klar – nach dem, was Sie als Team mir erzählt haben –, dass es hier einige größere Probleme gibt, mit denen Sie zu tun hatten und die Ihnen eine schwierige Zeit beschert haben. Es ist meine Aufgabe, Ihnen dabei zu helfen, Lösungen für diese Probleme zu finden. Dennoch: Bevor wir weiter darangehen, die derzeitigen Angelegenheiten verstehen zu wollen, würde ich Sie bitten, mir ein Bild vorzugeben, in welche Richtung Sie sich bewegen möchten – eine Vision, wie Sie die Dinge gerne hätten. Ich möchte Sie bitten, in Gruppen von jeweils drei Teilnehmern darüber zu sprechen. Sie alle wissen, was nicht funktioniert und womit Sie unzufrieden sind. Ich hätte gerne, dass Sie diese Informationen dazu verwenden, eine Vision dessen zu entwickeln, wie die Dinge stattdessen sein sollen. Ich weiß, dass es nicht einfach

ist, aber ich bin mir sicher, dass es unsere Arbeit erleichtern wird, wenn wir ein möglichst klares Bild davon haben, was genau wir zu erreichen versuchen.

Wenn Sie mit mehr als einer Person arbeiten, werden Sie manchmal feststellen, dass die Teilnehmer unterschiedliche oder sogar gegensätzliche Sichtweisen darüber haben, wie die Zukunft aussehen sollte. In solchen Situationen kann es eine Weile dauern, bis man eine Beschreibung der Zukunft findet, der alle Parteien zustimmen können. Wenn sich kein derartiger Konsens finden lässt, kann man auf der anderen Seite allerdings auch mehrere Sichtweisen akzeptieren. Zum Beispiel wollte in einem Fall, bei dem wir mit einem Ehepaar arbeiteten, die Frau ein Bild der Zukunft entwerfen, in dem das Paar zusammen war, und der Ehemann wünschte sich ein Bild der Zukunft, in dem sie getrennt waren. Da sich die beiden Visionen gegenseitig ausschlossen, schlugen wir dem Paar vor, zwei Visionen von der Zukunft zu entwickeln. Zuerst würden wir ihnen helfen, eine Zukunftsvision zu entwickeln, bei der sie glücklich zusammenlebten, und anschließend eine, bei der sie getrennt lebten, aber in einer Art und Weise, die sowohl für beide Ehepartner als auch für die Kinder akzeptabel war. Die zwei unterschiedlichen Versionen der idealen Zukunft bildeten die Basis, auf der wir mit ihnen arbeiten konnten.

Praktische Übung

Nehmen Sie sich für diese Aufgabe mindestens eine halbe Stunde Zeit. Sie benötigen einen Stift, ein paar Blätter Papier und einen Umschlag.

Stellen Sie sich sich selbst in der Zukunft vor. Wählen Sie ein beliebiges Datum – ein Jahr, zwei Jahre, vielleicht sogar weiter entfernt. Sie haben gerade einen Brief von einem sehr guten alten Freund bekommen, den sie ein paar Jahre lang nicht gesehen haben und der nun am anderen Ende der Welt lebt. Sie möchten Ihrem Freund mit einem echten Brief antworten, um ihm zu erzählen, wie es in Ihrem Leben gerade läuft. Beginnen Sie den Brief mit »Liebe Marion« oder »Lieber Georg« oder welchen Namen Sie auch immer einsetzen möchten, und versehen Sie ihn mit einem Datum in der Zukunft. In dem Brief werden Sie Ihrem Freund erzählen, dass es Ihnen gerade außerordentlich gut geht und dass die Dinge hervorragend laufen. Gestatten Sie sich, Ihrer Fantasie freien Lauf zu lassen, während Sie ein reichhaltiges und attraktives Bild dieser speziellen Zeit in der Zukunft malen. Wenn Sie möchten, können Sie gerne mehr als nur eine Seite schreiben, und wenn Sie den Brief beendet haben, verstauen Sie ihn an einem sicheren Platz, damit Sie ihn eines Tages – vielleicht sogar an dem Tag, auf den der Brief datiert ist – herausholen und lesen können, was Sie geschrieben haben. Möglicherweise werden Sie überrascht sein, wie viel von Ihrer Vision bereits wahr geworden ist.

Wenn Sie ein lebendiges Bild davon entworfen haben, wie die Dinge im besten Falle in der Zukunft laufen werden, ist es an der Zeit, einen Schritt weiterzugehen und diese Information als Sprungbrett dafür zu benutzen, ein spezifisches Ziel zu finden, mit dem Sie arbeiten möchten – ein Ziel, das dazu beitragen wird, dass sich die Wahrscheinlichkeit der Verwirklichung Ihrer Vision erhöht.

Schritt 2: Legen Sie sich auf ein Ziel fest

Die Reise kann erst beginnen, wenn man weiß, wohin man gehen will.

Damit unsere Vision wahr werden kann, müssen wir natürlich etwas unternehmen. Vielleicht müssen wir etwas verändern, neue Fähigkeiten erlernen, Einfluss auf eine andere Person ausüben oder einfach nur das, was wir ohnehin schon tun, weiter betreiben. Wir verwenden den Begriff »Ziel« und beziehen uns damit auf etwas, das wir erreichen müssen, um unsere Vision zu realisieren.

Ein Ziel ist ein enger gefasster Begriff als eine Vision. Wenn es Ihre Vision ist, ein berühmter Gitarrist zu werden, könnten Ihre Ziele darin bestehen, (1) eine Gitarre zu kaufen und (2) einen Job zu finden, um die notwendigen Unterrichtstunden zu finanzieren. Wenn Sie die Vision haben, ein sehr leistungsfähiges Forschungsteam aufzubauen, könnte man Ihre Ziele so benennen, dass Sie (1) die Kommunikation und den Informationsaustausch verbessern müssen, (2) eine Routine für regelmäßige Besprechungen einführen und (3) ein System für Teammitglieder erschaffen müssen, das es allen erlaubt, sich gegenseitig ein konstruktives Feedback über ihre Ideen und Pläne zu geben.

In der Sprache von Reteaming verstehen wir eine »Vision« als ein eher weit gefasstes und fantasievolles Bild davon, wie sich Menschen die Dinge in der Zukunft vorstellen, wohingegen »Ziele« konkreter und greifbarer sind – etwas, zu dem man sich tatsächlich entschließen kann, Dinge, die man wirklich erreichen kann.

Es ist sinnvoll, eine Vision der idealen Zukunft zu erstellen, bevor man Menschen bittet, Ziele zu benennen, die sie erreichen möchten. Zuallererst ebnet die Zukunftsorientierung, die durch das Gespräch über Visionen ins Spiel gebracht wird, ganz natürlich den Weg, um über Ziele zu sprechen, d. h. über das, was geschehen muss, damit die Vision Wirklichkeit werden kann. Die vorausgehende Diskussion über Visionen und Hoffnungen stellt aber vor allem sicher, dass alle Ziele, die benannt werden, schon per definitionem motivierend sein werden. Schließlich ist doch alles, das uns zur Realisierung unserer Visionen verhelfen kann, von einem gewissen Interesse für uns.

Ein Ziel auswählen

Beim Reteaming bitten wir die Klienten, nicht nur ein Ziel zu benennen, sondern mehrere, die ihnen auf dem Weg zur Verwirklichung ihres Traums helfen könnten. Sie werden dann darum gebeten, nur ein einziges Ziel von ihrer Liste herauszugreifen, das wir als dasjenige definieren, mit dem wir arbeiten. In Metaphern gesprochen: Wenn Sie in Ihrem Garten einen Brunnen graben wollen, empfiehlt es sich, dass Sie sich zuerst entscheiden, wo Sie graben möchten, und dann eine ganze Weile kontinuierlich graben, um Wasser zu finden, statt eine kurze Zeitspanne zu graben und dann an einer anderen Stelle mit dem Graben anzufangen – mit dem Ergebnis, dass Ihr Garten voller Löcher ist und Sie immer noch ohne Wasser dasitzen.

Wenn die Liste der Ziele erstellt ist, ist es nicht immer einfach, sich zu entscheiden, welches der Ziele man auswählen und bearbeiten soll. Wenn Sie den Klienten bei dieser Entscheidung helfen, können Sie von folgender Regel Gebrauch machen: Wählen Sie das Ziel, das den größten positiven Effekt auf alle anderen hat. Stellen wir uns vor, Sie sind Student und Ihre Vision besteht darin, ein Wissenschaftler im Bereich der Politologie zu werden, der in irgendeiner Weise zum Weltfrieden beiträgt. Sie haben eine Zukunftsvision und Sie haben eine Liste der Ziele erstellt, die Sie für deren Verwirklichung für hilfreich halten. Ihre Ziele sind, (1) sich an einer exzellenten Universität einzuschreiben, um ein hervorragendes Master-Studium in Politologie zu absolvieren, (2) sich mit den Wissenschaftlern in diesem Feld zu vernetzen, um ein besseres Verständnis des Gebiets zu bekommen, und (3) ihre Kenntnisse der englischen Sprache zu verbessern. Diese drei Ziele sind alle relevant und wichtig. Wenn Sie nun eines auswählen sollen, welches soll es sein? Die Anweisung lautet, das zu nehmen, das wahrscheinlich den positivsten Effekt auf die anderen hat. Sie würden wahrscheinlich das erste Ziel wählen. Indem Sie sich an einer Eliteuniversität einschreiben, würden Sie Ihre Kenntnisse der englischen Sprache definitiv verbessern und die Chancen stünden gut, dass Sie viele Menschen kennenlernen, die sich für dasselbe Forschungsgebiet interessieren.

Im Großen und Ganzen ist die Entscheidung darüber, welches Ziel aus einer Liste mehrerer Ziele zu wählen ist, nicht schwierig. Wenn Klienten auf ihre Liste schauen, sind sie meist sofort in der Lage, das Ziel herauszufinden, mit dem sie arbeiten möchten. Das wäre nicht unbedingt der Fall, wenn sie statt Zielen eine Liste von Problemen erstellt hätten. Wenn wir eine Liste von zu lösenden Problemen vor uns haben, neigen wir von Natur aus dazu, herausfinden zu wollen, welches der Probleme auf der Liste das primäre ist – dasjenige, das all die anderen Probleme verursacht. Wir würden versuchen, jenes auszuwählen, das dem ganzen Schlamassel zugrunde liegt. Ein spezifisches Problem, das gelöst werden soll, herauszupicken, kann schwierig sein, und selbst wenn Sie eine klare Vorstellung davon haben, wo Sie beginnen müssen, könnte es sein, dass andere Ihnen widersprechen, weil sie eine andere Vorstellung davon haben, welches Ihrer Probleme eher fundamentaler Art ist als die anderen.

Nehmen wir an, Sie sind ein Lehrer und haben eine besonders schwierige Klasse. Sie listen die Probleme der Klasse auf; diese Liste könnte etwa so aussehen: (1) Die Mädchen schikanieren sich gegenseitig, (2) die Jungs stören den Unterricht, (3) die Eltern der Kinder zeigen kein Interesse daran, ob ihre Kinder die Hausaufgaben erledigen, (4) die Familien sind so arm, dass sie es sich nicht leisten können, den Kindern die benötigten Bücher zu kaufen. Ihre Liste sieht ziemlich übel aus, und es könnte sein, dass Sie allein durch das Betrachten der Liste den Mut verlieren. Aber wo sollen Sie beginnen? Sie würden wahrscheinlich versuchen, Verbindungen zwischen den unterschiedlichen Problemen zu erkennen und dann herauszufinden, welches die anderen Probleme verursacht. Keine leichte Aufgabe. Wir wollen die Liste nun neu schreiben, aber dieses Mal nicht als Liste von Problemen, sondern als Liste von Zielen, um herauszufinden, ob es leichter sein wird, sich für ein Ziel, mit dem man arbeiten möchte, zu entscheiden. Die Liste würde dann so aussehen: (1) Die Mädchen müssen ein fürsorgliches Miteinander entwickeln, bei dem jede das Gefühl hat dazuzugehören. (2) Die Jungs müssen lernen, leise zu arbeiten. (3) Es muss ein Weg gefunden werden, wie man die Eltern mehr in die Hausaufgaben der Kinder einbeziehen kann, und (4) muss man ein Recycling-System entwickeln, das es allen Kindern ermöglicht, die Bücher zu bekommen, die sie brauchen. Was Sie hier sehen, ist eine Liste mit vier klar definierten Zielen. Jedes einzelne hat seine Berechtigung, und die Vorstellung, das richtige herauszufinden, das allen anderen Zielen zugrunde liegt, käme Ihnen wahrscheinlich noch nicht einmal in den Sinn. Stattdessen würden Sie einfach überlegen, wo man beginnen könnte, und an diesem Punkt würden Sie es wohl als sinnvoll erachten, mit dem Ziel zu beginnen, das höchstwahrscheinlich den größten positiven Effekt auf die anderen Ziele hat.

Wenn wir mit einem Team oder einer Gruppe von Kollegen arbeiten, ist es wahrscheinlich, dass sie eine Reihe von Zielen nennen werden, deren Bearbeitung sie wichtig finden. Wenn die Gruppenmitglieder die unterschiedlichen Ziele diskutieren, die auf einem Flipchart notiert sind, können sie sich in den meisten Fällen auf eines einigen, mit dem sie arbeiten möchten – ein Ziel, das ihnen wichtig erscheint und das für alle von Nutzen sein kann. Manchmal gibt es diesbezüglich allerdings Meinungsverschiedenheiten in der Gruppe. Wenn es schwierig erscheint, einen Konsens über das zu bearbeitende Ziel zu erlangen, sollten Sie erwägen, die Gruppe in zwei oder mehr Kleingruppen zu unterteilen, die gleichzeitig mit unterschiedlichen Zielen arbeiten. Zum Beispiel würde die Gruppe A daran arbeiten, die Kommunikation mit dem Management-Team zu verbessern, während die Gruppe B daran arbeitet, eine gerechte Kompensation von Überstunden sicherzustellen. Eine andere Lösung wäre es, einfach zu beschließen, dass man an beiden miteinander konkurrierenden Zielen arbeitet, indem man mit einem beginnt und sich darauf einigt, das andere später zu bearbeiten.

Negatives in Positives verwandeln

Es ist einfacher, etwas Neues zu beginnen, als etwas Altes aufzugeben.

Es ist nicht ungewöhnlich, dass Menschen ihre Ziele in negierender Form ausdrücken, also z. B. so: »Aufhören, an den Nägeln zu kauen«, »die Mitschüler nicht stören« oder »keinen Ärger machen«. Negativ formulierte Ziele eignen sich nicht besonders gut für Reteaming. Nur selten lassen sich Leute dafür begeistern, der Fortschritt ist nur schwer festzustellen, und vor allem ist es schwierig, stolz und glücklich auf das

Erreichte zu sein, wenn man ausschließlich versucht, eine schlechte Angewohnheit loszuwerden.

Glücklicherweise können negative Ziele in den meisten Fällen in positive umgewandelt werden. Wenn das negative Ziel darin besteht, »mit dem Nägelkauen aufzuhören«, könnte das korrespondierende positive Ziel lauten, »lernen, seine Fingernägel zu pflegen«; wenn das negative Ziel lautet, »die Mitschüler nicht zu stören«, könnte das korrespondierende positive Ziel heißen, »lernen, im Klassenzimmer mit leiser Stimme zu sprechen«. Positive Ziele sind motivierender, sie sind leichter zu erreichen und sie passen besser zu der Idee, für ihre Realisierung ein kooperatives Projekt zu entwickeln.

Das Ziel benennen und ein Symbol dafür erfinden

Ändere den Namen, und du änderst das Spiel.

Um die Wichtigkeit des Ziels zu erhöhen und sicherzustellen, dass es wirklich das eigene Ziel der Person oder der Gruppe ist, die es sich gesetzt hat, haben wir uns angewöhnt, die Klienten aufzufordern, ihrem Ziel einen Namen zu geben. Um es noch präziser auszudrücken: Eigentlich bekommt nicht das Ziel einen Namen, sondern das Projekt, das man zum Erreichen des Ziels ins Leben gerufen hat.

Nehmen wir an, ich wäre der Manager eines Familienunternehmens und meine Vision bestünde darin, die Firma zum Erfolg zu führen. Nachdem ich mit einem Reteaming-Coach ein Gespräch geführt habe, habe ich eine Reihe von Zielen benannt. Eines meiner Ziele ist es, besser darin zu werden, meinen Angestellten Feedback zu geben, insbesondere positives Feedback.

COACH: Wie möchten Sie dieses Ziel benennen?
KLIENT: Ich weiß nicht. Muss ich ihm denn einen Namen geben?
COACH: Sie müssen nicht. Ich glaube nur, dass es gut wäre, wenn Sie einen kurzen, treffenden Begriff dafür hätten. Es wäre dann einfacher, darüber zu sprechen. Vielleicht könnten Sie einen passenden Namen finden, der in gewisser Weise die Essenz an Fähigkeiten beinhaltet, die Sie zu entwickeln versuchen.
KLIENT: Okay, ich verstehe. Sollte ich es vielleicht »Groucho« nennen? Groucho Marx war vielleicht nicht gerade die positivste Figur in der Filmgeschichte, aber er konnte wahrhaftig mit Worten umgehen.

COACH: Klingt gut. Und ich glaube, das macht es einfacher, und vielleicht macht es sogar ein bisschen mehr Spaß, darüber zu sprechen, dass Sie »Groucho« sind, als darüber, dass Sie »lernen müssen, besser darin zu werden, Ihren Angestellten Feedback zu geben«.

Nicht nur persönlichen Zielen, sondern auch denen von Organisationen kann es zugutekommen, einen kurzen, treffenden Namen zu haben. Nehmen wir z. B. eine Schulklasse, die ihre Arbeitsmoral verbessern möchte: Man könnte das Projekt z. B. »den Klassengeist verbessern« nennen. Aber der Name wäre nicht wirklich besonders inspirierend. Die Schüler würden wahrscheinlich Spaß daran haben, das Projekt anders zu benennen, und ihm einen etwas spannenderen Namen wie »Angels« oder »Coole Monkeys« verpassen.

Sie können sogar noch einen Schritt weitergehen und dem Projekt zusätzlich zur Benennung ein sichtbares Symbol irgendeiner Art verleihen. Manchmal kann der Name des Projekts schon als solcher visualisiert werden (denken wir an »Groucho« oder »Coole Monkeys«); in anderen Situationen können Sie Ihre Kreativität spielen lassen, um ein Logo zu entwerfen, das Ihr Ziel oder Projekt symbolisiert.

Vage Ziele

Im Coaching gilt generell folgende Regel: Wenn man Ziele setzt, sollte man sicherstellen, dass sie gut ausgearbeitet sind. Das bedeutet, man erwartet, dass die Ziele SMART sind – ein Akronym, das aus den Worten »spezifisch«, »messbar«, »erreichbar«, »realistisch« und »zeitgebunden« gebildet wird (engl.: **s**pecific, **m**easurable, **a**chievable, **r**ealistic and **t**ime-bound).

Beim Reteaming ist es in dieser Phase hingegen nicht wichtig, dass das Ziel besonders ausgearbeitet oder SMART ist. Nun ja, erreichbar und realistisch sollte es schon sein, aber es ist nicht notwendig, dass es konkret oder spezifisch ist. Sogar ein relativ vages Ziel erfüllt seinen Zweck, da es unweigerlich klarer, spezifischer und konkreter werden wird, während Sie sich durch die aufeinanderfolgenden Schritte von Reteaming arbeiten. Das wird insbesondere dann geschehen, wenn Sie gebeten werden, ihren Fortschritt als ein Fortkommen in mehreren aufeinander aufbauenden Schritten zu sehen und ein Versprechen abzugeben, welche spezifischen Handlungen Sie in Angriff nehmen werden, um Ihr Ziel zu erreichen.

Praktische Übung

Gibt es irgendetwas Spezifisches, das Sie tun könnten, um die Wahrscheinlichkeit zu erhöhen, dass Ihre Zukunftsträume wahr werden? Irgendetwas, das Sie lernen müssen oder worin Sie besser werden müssen? Etwas, das Sie an Ihrem Leben ändern müssen? Etwas, das Sie erledigen müssen, das Sie vielleicht schon länger aufgeschoben haben? Sie wissen selbst am besten, was es sein könnte. Vielleicht kommen Ihnen viele Dinge, die getan werden müssen, in den Sinn. Wenn das so ist, notieren Sie sie alle auf einen Zettel und nehmen Sie sich die Zeit, ein Ziel auszuwählen, nur eines, auf das Sie sich nun konzentrieren werden. Es steht Ihnen natürlich frei, mit mehreren Ihrer Ziele gleichzeitig zu arbeiten; sie wählen nur eines aus, das »das eine« für Ihr Reteaming-Projekt sein soll.

Wenn Sie die Liste Ihrer Ziele betrachten und unsicher sind, welches Sie auswählen sollen, nehmen Sie sich einen Moment Zeit, um herauszufinden, ob eines darunter zu sein scheint, das Ihnen den größten Nutzen bringen würde oder das den größten positiven Effekt auf Ihre anderen Ziele hätte. Behalten Sie im Hinterkopf, dass Sie durch das Auswählen eines Ziels die anderen nicht ausschließen; Sie können gleichzeitig an ihnen arbeiten oder irgendeines davon auswählen, auf das Sie sich als Nächstes konzentrieren möchten.

Geben Sie jetzt dem gewählten Ziel einen Namen, eine kurze, griffige Bezeichnung, die Ihre Intention wiedergibt. Seien Sie kreativ. Der Name kann ernsthaft oder lustig sein – solange er die Essenz dessen erfasst, was Sie erreichen wollen. Und wenn Sie möchten, denken Sie über eine Visualisierung Ihres Ziels nach, ein Logo oder ein Symbol irgendeiner Art, vielleicht sogar ein Objekt, das Sie auf Ihren Schreibtisch stellen oder an den Kühlschrank kleben können, damit Sie sich täglich an das eigene Vorhaben, das Ziel zu erreichen, erinnern.

Schritt 3: Suchen Sie sich Helfer

Reteaming basiert auf einer Philosophie der Zusammenarbeit, in der andere Menschen eine entscheidende Rolle beim Erreichen der eigenen Ziele spielen. Ziele zu realisieren wird als eine gemeinschaftliche Aktivität angesehen, bei der andere Menschen in vielerlei Hinsicht wichtig sind. Diese Leute können z. B. dadurch zu Ihrem Erfolg beitragen, dass sie

- die Wichtigkeit Ihrer Ziele bestätigen,
- hilfreiche Vorschläge oder Ideen unterbreiten,
- Ihnen Mut zusprechen,
- Sie in schwierigen Zeiten unterstützen,
- Ihnen helfen, Ihren Fortschritt anzuerkennen, oder
- sich über Ihre Erfolge freuen.

Es erübrigt sich zu sagen, dass es auch andersherum funktioniert. Andere können manchmal aus unterschiedlichen Gründen auch einen negativen Einfluss auf Ihr Projekt haben. Um beim Reteaming die maximale Unterstützung der Umgebung sicherzustellen, ermutigen wir die Klienten, mit anderen Menschen über ihr Projekt zu sprechen und wichtige Personen dazu einzuladen, als »Helfer« – wie wir es nennen – für das Projekt zu fungieren.

Beim Coaching eines einzelnen Klienten könnte das Gespräch über die Helfer wie folgt ablaufen:

COACH: Jetzt haben Sie also ein Ziel und sogar einen passenden Namen dafür. Welchen Leuten werden Sie davon erzählen?
KLIENT: Muss ich überhaupt jemandem davon erzählen?

COACH: Das überlasse ich Ihnen, aber es könnte sinnvoll sein. Sie könnten Hilfe oder Unterstützung von anderen gebrauchen, glauben Sie nicht?
KLIENT: Mein Mann weiß schon davon. Ich habe mit ihm einige Male über diese Dinge gesprochen.
COACH: Aha, und was denken Sie, würde er sagen, wenn Sie ihm Ihre Notizen von heute mit der Definition Ihres Ziels zeigen würden, mit dem Namen und sogar mit dem Symbol, das Sie gezeichnet haben?
KLIENT: Er wäre sicherlich hocherfreut. Er fände das sicher eine gute Idee.
COACH: Inwiefern könnte er für Sie hilfreich sein?
KLIENT: Ich könnte ihn bitten, es mir mitzuteilen, wenn ihm auffällt, dass ich Fortschritte mache.
COACH: Das klingt wunderbar. Gibt es sonst noch jemanden? Jemanden bei der Arbeit, der ein Helfer sein könnte?

Helfer zu haben und zu wissen, wie diese Sie unterstützen können, wird Ihnen Zuversicht geben und Ihr Gefühl bestärken, dass Sie Ihr Ziel wirklich erreichen können.

Helfer sind nicht nur für den Einzelnen wichtig, sondern auch für Teams und Organisationen. Ein Forschungsteam an der Universität mit dem Ziel »erhöhter Autonomie« wird wahrscheinlich Unterstützung nicht nur vom Entscheidungsträger auf der nächsthöheren Ebene, sondern auch von verschiedenen Schlüsselfiguren in der Universitätsverwaltung benötigen, vielleicht sogar vom Bildungsministerium.

Wechselseitigkeit

Die Beziehung zu seinen Helfern sollte man nicht als Einbahnstraße ansehen, sondern eher als eine Straße mit Verkehr in beiden Richtungen. Sie werden davon profitieren, Helfer zu haben, aber in den meisten Fällen werden auch die Helfer einen Nutzen aus Ihrem Ziel ziehen können. Wenn meine Tochter z. B. das Ziel hat, sich einen Job für den Sommer zu suchen, werde ich ihr liebend gerne dabei helfen – nicht nur, weil ich ihr Vater bin und es meine Pflicht ist, sondern auch, weil ich davon profitiere, wenn sie einen Ferienjob hat. Ich ziehe daraus nicht nur den Nutzen, dass sie mich weniger oft um Geld bitten wird, sondern ich freue mich auch über ihre zunehmende

Unabhängigkeit. Und was für mich und meine Tochter gilt, gilt genauso für die meisten Situationen, in denen man sich Ziele setzt und nach Helfern sucht.

Das erinnert mich an die bekannte Geschichte, die den Unterschied zwischen Himmel und Hölle beschreibt und die Sie vielleicht schon einmal gehört haben. Ein Mann, der gestorben war, erhielt die Erlaubnis, den Himmel und die Hölle zu besuchen, um eine bewusste Entscheidung zu treffen, wohin er gehen wollte. Beide Orte sahen gleich aus mit wunderschönen Landschaften, singenden Vögeln und Tafeln voll von köstlichem Essen und Trinken. Der einzige Unterschied bestand darin, wie die Menschen aussahen: Im Himmel sahen die Leute wohlgenährt und gesund aus, in der Hölle eher wie die Insassen eines Arbeitslagers. Als er die Hölle besuchte, erfuhr er den Grund für das Hungern der Bewohner: Ihre Arme waren im Ellbogengelenk versteift und sie konnten das Essen nicht zum Mund führen. Zu seiner Überraschung sah der Mann beim Betreten des Himmels, dass die Arme der Bewohner dort ebenso steife Ellbogengelenke hatten. Der Unterschied bestand darin, dass die Bewohner des Himmels sich nicht selbst zu ernähren versuchten, sondern sich gegenseitig fütterten.

Der gute Ruf

Das Konzept von Helfern beim Reteaming geht allerdings noch über die Idee der Unterstützung, des Helfens und Ermutigens hinaus. Es bezieht sich auch auf die Idee, dass Veränderungen in vielen Fällen eines Publikums bedürfen. Ein Alkoholiker mag mit dem Trinken aufhören, aber das tatsächliche Beenden des Alkoholkonsums ist nur eine Komponente der Veränderung. Die andere besteht darin, die Menschen aus dem Umkreis der Person davon zu überzeugen, dass diese Veränderung stattgefunden hat.

Stellen Sie sich vor, Sie würden einen Mann coachen, der einige Jahre lang Drogen genommen hat. Sie sprechen mit ihm über seine Hoffnungen und finden heraus, dass er von einem relativ normalen Leben mit einem gemütlichen kleinen Zuhause in einem Vorort, einem stabilen Job und einem Kreis von drogenfreien Freunden träumt. Wenn Sie ihn über seine Ziele befragen, erzählt er Ihnen, dass sein Hauptlebenszweck darin besteht, clean zu bleiben. Während Sie über andere Ziele sprechen, die er erwägt, bringt er zur Sprache, dass er sich einen Ruf als drogenfreier und ehrlicher Mann erwerben möchte. Während seiner Jahre des Drogenmissbrauchs hat er viele

Menschen verprellt, darunter auch Familienmitglieder, Vorgesetzte und einige seiner früheren guten Freunde. Ihm wird klar, dass er zusätzlich zu dem Ziel, seine Angelegenheiten in Ordnung zu bringen, noch ein anderes Ziel hat, das ihm mindestens genauso wichtig ist, nämlich das Ziel, seinen Ruf zu verbessern, die Menschen in seiner Umgebung davon zu überzeugen, dass er sich verändert hat und wieder ein vertrauenswürdiger Mensch geworden ist.

Für ihn wird das Rekrutieren von Helfern nicht nur die Bedeutung haben, Leute zu finden, die ihm helfen, ihn ermutigen und ihn dabei unterstützen können, clean zu bleiben. Es ist zur selben Zeit auch eine Einladung an Personen aus seinem Netzwerk, sich davon zu überzeugen, dass er Fortschritte gemacht hat, dass er sich verändert hat, und ihm zu helfen, die Nachrichten über diese Veränderungen in seiner sozialen Umgebung zu verbreiten; in anderen Worten: ihm bei der Wiederherstellung seines Rufs zu helfen.

Was für Individuen gilt, trifft häufig genauso für Abteilungen innerhalb von Organisationen zu. Zum Beispiel kann die Verkaufsabteilung eines Elektronikunternehmens wegen interner Konflikte ernsthafte Probleme mit dem Erfüllen der Effizienzerwartung bekommen haben. Gerüchte über Schwierigkeiten in der Abteilung haben sich höchstwahrscheinlich innerhalb der Firma ausgebreitet, und der Ruf der Abteilung hat Schaden genommen. Wenn es an Ihnen wäre, hier ein Reteaming-Projekt durchzuführen, um der Abteilung zu helfen, wieder auf den richtigen Weg zu kommen, wäre es ratsam sicherzustellen, dass die Abteilung einige Schlüsselfiguren der Organisation als Helfer für das Entwicklungsprojekt rekrutiert. Diese wären nicht nur in dem Sinne wichtig, dass sie ihnen helfen, die nötigen Veränderungen zu erreichen, sondern auch, um Sie dabei zu unterstützen, ihren Ruf innerhalb der Organisation zu verändern.

Praktische Übung

Erstellen Sie eine Liste von Personen, bei denen Sie sich vorstellen können, ihnen über Ihr Ziel zu berichten. Schließen Sie Familienmitglieder, Freunde, bestimmte Arbeitskollegen, Kommilitonen usw. mit ein – jeden, der Interesse an Ihrem Ziel haben oder in irgendeiner Weise dazu beitragen könnte.

Denken Sie darüber nach, in welcher Form Sie diesen Personen von Ihrem Ziel berichten; was würden Sie ihnen darüber erzählen und wie genau stellen Sie sich deren Beitrag vor? Was glauben Sie, wie die Leute reagieren werden? Was würde es in Ihnen auslösen, wenn die Resonanz überwiegend positiv und ermutigend wäre?

Wenn Sie sich darauf vorbereitet haben, anderen Ihr Projekt zu eröffnen, ergreifen Sie den nächsten Schritt und sprechen Sie mit ihnen darüber. Aller Wahrscheinlichkeit nach werden Sie überrascht sein, wie groß die Bereitschaft der anderen ist, Ihnen zu helfen. Vielleicht bringen sie brauchbare Ideen ein, was Sie für Ihr Ziel unternehmen könnten, und sie könnten Ihnen auch langfristige Unterstützung anbieten. Versprechen Sie diesen Menschen, sie darüber zu informieren, was Sie für Fortschritte machen, und vergessen Sie nicht, ihnen für ihr Interesse und ihre Hilfsbereitschaft zu danken.

Schritt 4: Schauen Sie auf den Nutzen

Unserer 5-Punkte-Regel der Motivation zufolge, ist einer der entscheidenden Motivations-Faktoren, dass das eigene Ziel interessant, attraktiv und anregend ist. In der Praxis bedeutet das: Sie können erkennen, dass das Erreichen Ihres Ziels wichtige Vorteile für Sie und vielleicht sogar für andere Menschen in Ihrer Umgebung mit sich bringen wird.

Es ist offensichtlich, dass Ihr gewähltes Ziel in mancherlei Hinsicht nützlich für Sie ist; ansonsten wäre es nicht auf Ihre Liste von Zielen gelangt. Allerdings ist es möglich, dass Sie sich nicht darüber im Klaren sind, dass Ihr Ziel eine Vielzahl von Vorzügen aufweisen kann. Wenn Sie über diese Frage nachdenken oder noch besser mit einer anderen Person darüber sprechen, dürfte Ihnen das helfen, sich der unterschiedlichen Vorteile ihres Ziels bewusst zu werden.

Manchmal strampeln Leute sich für Ziele ab, die ihnen von anderen Menschen vorgeschlagen worden sind, von Familienmitgliedern, Lehrern, Richtern, Ärzten etc.: Sie sollten einen Führerschein erwerben, Sie sollten heiraten, Sie sollten Kinder bekommen, Sie sollten aufhören zu rauchen, Sie sollten weniger trinken, Sie sollten diese Beziehung beenden ... Ziele, die nicht unsere eigenen sind, sondern uns von anderen Menschen nahegelegt wurden, sind oft hohl; selbst wenn die Person dem Ziel halbherzig zustimmt, hat sie doch kein echtes persönliches Interesse an der Verwirklichung. Damit aus hohlen Zielen interessante Ziele werden, muss ein Schalter umgelegt werden, und das bedeutet häufig, dass man Einsicht in die entscheidenden Vorzüge des Ziels gewinnt.

Wir möchten dies mit einem Fallbeispiel darlegen. Tapani wurde einmal gebeten, mit einem Mann zu sprechen, der einen Herzinfarkt erlitten und sich nach der gängigen Intensivtherapie im Krankenhaus gut erholt hatte. Die Ehefrau und sein Kardiologe machten sich jedoch Sorgen um seine Gesundheit, weil er sich standhaft weigerte, sich an die Anweisungen des Arztes zu halten und seine ungesunden Ernährungsgewohnheiten aufzugeben. Der Arzt hatte ihm unverblümt gesagt, dass er nicht mehr lang zu leben hätte, wenn er die Empfehlungen nicht ernst nehmen würde, aber es hatte nichts gebracht.

»Ich werde niemals ein Sprossenfresser werden, so viel steht fest!«, pflegte er zu sagen, wann immer das Thema seiner Essgewohnheiten aufkam.

Als Tapani sich mit dem Mann und dem Arzt traf, eröffnete er mit diesen Informationen im Hinterkopf das Gespräch, indem er den Mann fragte, ob es irgendetwas gebe, das er richtig gerne tue, so etwas wie eine Passion, die ihm eine Menge bedeute.

»Nun ja, es gibt eine Sache, die ich wirklich sehr gerne mag«, sagte der Mann, »ich liebe Eisfischen. Ich bin früher mit meinem jetzt 21-jährigen Sohn zu Wettbewerben im Eisfischen gegangen und wir haben uns sehr gut geschlagen. Wir saßen da zusammen auf dem Eis und fingen aus den Eislöchern mehr Fische als irgendein anderer. Aber das hat sich jetzt geändert. Mein Sohn hat eine Beziehung mit einem Mädchen und er ist so von ihr eingenommen, dass er sich weigert, mit mir zusammen auf Wettbewerbe zu gehen, und alleine habe ich eigentlich keine Lust.«

Tapani antwortete, indem er das folgende Bild ausmalte:

»Ich habe ein deutliches Bild vor Augen, wie ich an einem sonnigen Wintertag auf dem zugefrorenen See spazieren gehe und in einiger Entfernung zwei Gestalten auf Klappstühlen sitzen sehe, eine Größere und eine Kleinere. Als ich näher herankomme, sehe ich eine Menge Fische auf dem Eis liegen, die sie gefangen haben, und als ich erkenne, dass Sie der größere der beiden sind, frage ich Sie, wer der kleine Mann ist, der neben Ihnen sitzt. Stolz stellen Sie ihn mir als Ihren Enkel vor. Aus Neugierde lehne ich mich über Ihren Angelkasten, und als ich den Deckel anhebe, sehe ich darin zwei Töpfchen. In dem einen sind Würmer als Köder, und der andere ist voller Sprossen. Ich frage mich, wie Sie mir das erklären würden.«

Er lächelte und sagte: »Ich hab's kapiert. Ich verstehe Ihre Art von Humor. Sie haben mich gerade erfolgreich davon überzeugt, Sprossen zu essen oder was auch immer ich tun muss, um das noch zu erleben.«

Sie können Leute dazu motivieren, etwas anders zu machen, indem Sie ihnen die Gefahren und negativenKonsequenzen darlegen, die ihnen drohen, wenn sie so weitermachen wie bisher, oder indem Sie die unterschiedlichen Vorzüge aufzählen, die es für sie hätte, dieselbe Sache auf eine andere Weise zu tun. Dieser Ansatz, bei dem Sie die Vorzüge der Alternative herausstellen, erscheint deutlich effektiver. Menschen neigen generell dazu, mehr Motivation für Veränderungen aufzubringen, die ihnen Vorzüge bringen, als für solche, die es ihnen erlauben, schädliche Dinge zu vermeiden. Wenn Sie zum Beispiel Ihr Kind dazu motivieren, die Schule abzuschließen, werden Sie wahrscheinlich mehr Erfolg haben, wenn Sie über die Chancen sprechen, die sich ihm nach dem Schulabschluss auftun, als wenn Sie die Gefahren und die negativen Konsequenzen betonen, die einem beim Schulabbruch drohen.

Es gibt eine Reihe von guten Fragen, die Sie als Coach anwenden können, um Klienten zu helfen, mehr Bewusstsein für die Vorzüge ihres Ziels zu entwickeln.

- Warum ist dieses Ziel wichtig für Sie?
- Welche positiven Effekte wird das Erreichen des Ziels für Sie haben?
- Welchen sonstigen Gewinn wird es geben?
- Sie haben X als einen positiven Effekt erwähnt. In welcher Art und Weise werden Sie davon profitieren?

Sie sollten sich auch die Freiheit nehmen, die Perspektive zu erweitern und die Umwelt in das Gespräch über die positiven Effekte einzubeziehen.

- Wird das Erreichen Ihres Ziels auch positive Effekte auf andere haben?
- Wer wird am meisten profitieren? Inwiefern? Wer sonst noch?
- Glauben Sie, dass das Erreichen des Ziels auch einen positiven Effekt auf Ihre Familie haben könnte? Und auf Ihre Gesundheit? Wie steht es mit Ihren Chancen, einige Ihrer Visionen zu verwirklichen?

Wenn man mit Menschen die unterschiedlichen Vorzüge ihrer Ziele diskutiert, gibt das ihren Projekten in der Regel einen gehörigen Anschub und verleiht ihnen Auftrieb und neue Energie. Sogar wenn das von Ihren Klienten ausgewählte Ziel primär nicht besonders motivierend wirkt, können sie sich, nachdem sie sich die Vorzüge des Ziels vor Augen geführt haben, höchstwahrscheinlich überzeugen lassen, dass das gewählte Ziel in der Tat ein sehr wichtiges ist.

Auch in Fällen, bei denen es Meinungsverschiedenheiten innerhalb einer Gruppe darüber gibt, an welchem Ziel man arbeiten möchte, ist es nicht ungewöhnlich, dass die konkurrierenden Ziele positive Nebeneffekte des Ziels, das man gerade diskutiert, sein können. In dieser Hinsicht kann das Gespräch über die Vorzüge eines gegebenen Ziels auch dazu dienen, einen Konsens zwischen Individuen herzustellen, indem sie sehen, dass das, was für sie wichtig ist, möglicherweise aus dem gerade diskutierten Ziel folgen kann.

Je mehr Vorzüge eine Person oder eine Gruppe finden kann, umso attraktiver wird das Ziel und umso größer wird die Motivation, schließlich in Aktion zu treten, um es auch zu erreichen.

Praktische Übung

Da Sie nun Ihr spezifisches Ziel, mit dem Sie arbeiten möchten, identifiziert haben, sollten Sie sich die Zeit nehmen herauszufinden, welchen Gewinn es Ihnen und anderen Menschen bringen kann, das Ziel zu erreichen. Erstellen Sie eine möglichst lange Liste der wahrscheinlichen positiven Konsequenzen aus dem erreichten Ziel. Denken Sie darüber nach, inwieweit es Ihnen nützt – Ihrem Wohlbefinden, Ihrer Karriere und Ihrer Beziehung. Denken Sie auch darüber nach, inwieweit es anderen Menschen nützt – Familienmitgliedern, Freunden, Kollegen oder sonstigen Personen. Geben Sie nicht auf, bevor Sie eine ganze Seite mit potenziellen positiven Auswirkungen des erreichten Ziels gefüllt haben. Wenn Sie damit fertig sind, überlegen Sie, inwieweit Sie das beeinflusst. Was haben Sie jetzt in Bezug auf Ihr Ziel für Empfindungen? Sind Sie sogar noch stärker davon überzeugt, dass Sie die richtige Wahl getroffen haben?

Beachten Sie: Wenn Sie es schwierig finden, sich irgendwelche positiven Effekte Ihres Ziels vor Augen zu führen, könnte es nötig sein, dass Sie die Wahl Ihres Ziels noch einmal überdenken. Ist das Ziel, das Sie gewählt haben, eines, das Sie wirklich erreichen wollen? Wenn nicht: Werfen Sie noch einmal einen Blick auf Ihre Liste oder denken Sie über Ziele in Ihrem Leben nach, die Sie noch nicht notiert hatten, und greifen Sie dann ein neues Ziel heraus – eines, das Ihnen im Moment wichtiger oder signifikanter vorkommt.

Schritt 5: Achten Sie auf bisherige Fortschritte

Eines der Themen, das beim Gespräch mit Menschen, die an Zielen arbeiten, die größte Kraft verleiht, ist das Thema der bereits gemachten Fortschritte – dass man also den Menschen hilft, sich klarzumachen, dass ihr Ziel nicht einfach plötzlich aus dem Nichts aufgetaucht ist, sondern dass es etwas ist, an dem sie tatsächlich schon eine Weile lang gearbeitet haben. Je mehr Fortschritte man benennen kann, umso mehr bekommt man das Gefühl, dass man auf dem richtigen Weg ist, und es gibt nichts, was einem mehr Hoffnung verleihen kann, als sich vor Augen zu führen, dass ein beachtlicher Teil der Arbeit bereits erledigt ist.

Glücklicherweise werden Sie ungeachtet dessen, ob Sie mit einer einzelnen Person oder mit einer Gruppe arbeiten, nach einigem Nachfragen fast ausnahmslos sehen, dass es schon viele Anzeichen bereits gemachter Fortschritte gibt. Und je mehr Sie mit den Leuten über das Thema sprechen, umso mehr derartige Informationen werden auftauchen.

Den Fortschritt als Startpunkt von Reteaming ansehen

Der Reteaming-Prozess beginnt mit der Beschreibung Ihrer Visionen, aber die Abfolge, in der Sie die Schritte von Reteaming durchlaufen, ist nicht in Stein gemeißelt. Eine Möglichkeit, diese zu verändern, besteht darin, mit dem bereits gemachten Fortschritt anzufangen und dann dafür Raum zu geben, dass das Gespräch über dieses Thema sich zu einem Gespräch über Zukunftsträume und -hoffnungen entwickeln kann.

> COACH: Ich bin neugierig zu erfahren, wie die Dinge in letzter Zeit gelaufen sind. Gibt es aus der jüngeren Vergangenheit irgendwelche positiven Entwicklungen, von denen ich wissen sollte?

KLIENT: Nicht viele, aber wir hatten das Thema zweimal auf der Tagesordnung.
COACH: Das klingt schon mal ziemlich wichtig. Das Thema ist also diskutiert worden. Können Sie mir ein paar Auswirkungen dieser Diskussionen nennen?
KLIENT: Wir haben alle begonnen, diesen Problemen mehr Aufmerksamkeit zu schenken, und wir haben die IT-Abteilung informiert. Sie arbeiten an einigen Veränderungen der Software, die Routineabläufe schaffen werden, die diesen Notwendigkeiten Rechnung tragen.
COACH: Das klingt interessant. Was haben Sie sonst noch unternommen, um die Situation zu verbessern?

Sie können sich vorstellen, dass ein ausdauernder Coach häppchenweise Informationen entlocken wird, die darauf hinweisen, dass man bereits viele Dinge zur Verbesserung der als problematisch empfundenen Situation unternommen hat. Die Diskussion erzeugt den Eindruck einer Bewegung, einer Welle, auf der die Menschen bereits reiten. Solch ein Gespräch ist effektiv und sorgt für Schwung, indem es den Weg für die Frage ebnet: »Und wenn diese positive Entwicklung anhält, wo sehen Sie sich dann in der Zukunft?«

Stellen Sie sich vor, Sie werden gebeten, mit einem Kollegenteam zu arbeiten. Ihr Gespräch beginnt mit dem Leiter des Teams, der Ihnen etwas über die Probleme innerhalb der Arbeitsgruppe erzählt, die in der letzten Studie zum Arbeitsumfeld zur Sprache gekommen sind. Sie hören respektvoll zu. Aber sowie Sie das Gefühl haben, dass Sie nun an der Reihe sind zu sprechen, zeigen Sie Ihr Interesse an der jüngsten positiven Entwicklung, indem Sie fragen: »Haben Sie bereits irgendwelche Maßnahmen ergriffen, um die Situation zu verbessern?« Zu Ihrer Überraschung werden Sie sehen, dass das Team in der Tat schon einiges in dieser Richtung unternommen hat, darunter die Aufforderung an Sie, mit ihnen zu sprechen. Sie zeigen echte Bewunderung für das, was die Klienten bereits getan haben, und wenn Sie das Gefühl haben, dass der richtige Moment gekommen ist, sagen Sie: »Ich bin beeindruckt, was Sie alles schon unternommen haben, und es scheint mir, dass die Dinge sich ziemlich rasch in die richtige Richtung bewegen. Ich möchte Sie Folgendes fragen: Wenn die Lage sich weiter verbessert, wie wird die Situation in ein paar Monaten aussehen – angenommen, die positive Entwicklung hält an?« Falls Ihre Frage funktioniert, dann wird nun ein Bild der idealen Zukunft ausgemalt, das wiederum als Grundlage für das nachfolgende Gespräch über die angestrebten Ziele dient.

Praktische Übung

Denken Sie einen Moment über Ihr Ziel nach. Es ist wahrscheinlich keine ganz neue Idee, die Sie noch nie vorher erwogen haben. Höchstwahrscheinlich ist es etwas, das bereits stattfindet – eine Entwicklung, die vor einiger Zeit oder vielleicht sogar schon vor langer Zeit begonnen hat. Versuchen Sie, so viele der folgenden Fragen wie möglich zu beantworten:

- Wann haben Sie zum ersten Mal an dieses Ziel gedacht?
- Wie ist Ihnen klar geworden, dass es wichtig ist?
- Welche Schritte haben Sie bereits unternommen?
- Haben Sie irgendetwas über dieses Thema gelesen?
- Mit wem haben Sie darüber gesprochen?
- War es hilfreich, mit anderen Menschen darüber zu sprechen? Inwiefern?
- Welche Anzeichen eines Fortschritts sind Ihnen bewusst?
- Gibt es irgendjemanden, der Sie kennt, der den Eindruck hat, dass Sie Fortschritte gemacht haben? Welche Fortschritte hätte er oder sie bemerkt?
- Hat Ihnen jemand in Bezug auf dieses Ziel geholfen oder Sie unterstützt?
- Hat es Momente des Erfolgs gegeben, in denen Sie eine Art Rausch durch das Näherrücken des Ziels verspürt haben?
- Auf einer Skala von 1 bis 10 – wobei 1 für den absoluten Anfang steht und 10 dafür, dass Sie Ihr Ziel erreicht haben: Wo, würden Sie sagen, stehen Sie jetzt?
- Was vermittelt Ihnen das für ein Gefühl, wenn Sie sich klarmachen, dass Sie schon so weit gekommen sind?

Nur selten wird es nötig sein, ein Projekt am Nullpunkt zu beginnen. In den meisten Fällen hat man schon ein paar Dinge unternommen. Finden wir heraus, welche Fortschritte Sie bereits gemacht haben und wie weit Sie auf Ihrem Weg inzwischen gekommen sind. Auch wenn Sie noch nichts wirklich Konkretes unternommen haben, könnte es sein, dass Sie sich schon eine ganze Menge Gedanken darüber gemacht haben. Die Tatsache, dass es schon einen gewissen Fortschritt gibt, hilft Ihnen, Zuversicht aufzubauen, und schließlich ist es immer einfacher, etwas fortzuführen, das man schon begonnen hat, als mit etwas Neuem ganz von vorne anzufangen.

Schritt 6: Planen Sie künftige Fortschritte

Nachdem Sie mit den Klienten über den bereits gemachten Fortschritt gesprochen haben, erscheint es nur natürlich, dass Sie im weiteren Verlauf des Gesprächs mit ihnen darüber reden, wie ein zukünftiger Fortschritt aussehen würde; was wären die nächsten Anzeichen für einen Fortschritt auf dem Weg in Richtung Ziel?

Sich ein Bild vom zukünftigen Fortschritt zu machen ist nicht dasselbe, wie ihn zu planen; das Erstere ist eine Übung der Imagination, bei der man es als gegeben annimmt, dass man sein Ziel erreicht, und dann visualisiert, wie diese Entwicklung aussehen würde; das Zweite bezieht sich auf eine anstrengendere Aktivität, bei der man einen Handlungsplan entwirft und Entscheidungen über eine Reihe von Maßnahmen trifft, die zum Erreichen des Ziels nötig sind.

Der Unterschied zwischen beidem – sich ein Bild machen und planen – zeigt sich darin, was für Fragen man stellt. Wenn Sie nach einem Plan fragen, würden Sie in etwa so formulieren:

- Was müssen Sie tun, um Ihr Ziel zu erreichen?
- Was wird dabei der erste Schritt sein?
- Worin werden Ihr zweiter und dritter Schritt bestehen?

Vergleichen Sie nun diese Fragen mit den Fragen, die darauf abzielen, der Person Informationen darüber zu entlocken, wie sie sich im besten Falle den Fortschritt bildlich vorstellt:

- Wenn die Situation sich weiterhin gut entwickelt und Sie nächste Woche sehen, dass die Dinge sich ein Stück weit bewegt haben: Was, glauben Sie, würden Sie beobachten?

- Nehmen wir an, dass Sie über die nächsten Wochen einen kontinuierlichen Fortschritt zu verzeichnen haben. Wo sehen Sie sich selbst nächste Woche?
- Was wäre nächste Woche für Sie ein Signal dafür, dass Sie Fortschritte machen?
- Wie wäre es in zwei Wochen, wo stünden Sie dann?
- Wie könnten andere Leute bemerken, dass Sie Fortschritte gemacht haben?
- Was würde den größten Skeptiker, den Sie kennen, davon überzeugen, dass Sie einen Schritt weitergekommen sind? Was würde diese Person davon überzeugen, dass Sie Ihr Ziel erreicht haben?

Mit Sicherheit können Sie den Unterschied spüren zwischen den Fragen, die darauf abzielen, Menschen zum Entwerfen eines Plans zu bringen, und den Fragen, die sie dazu einladen, die bevorstehenden Schritte auf dem Weg zum Ziel zu imaginieren.

Es gibt ein paar typische Fragen, die Sie stellen können, um Menschen dabei zu helfen, die aufeinander aufbauenden, zum Ziel führenden Schritte konkreter zu beschreiben. Wenn Sie einfach nur fragen, inwieweit die Dinge in einer Woche anders sein werden, bekommen Sie häufig eine abstrakte Antwort, wie z. B. »die Kommunikation wird besser sein« oder »die Leute werden respektvoller miteinander umgehen«. Um das Konkretisieren zu erleichtern, können Sie (1) nach Beispielen fragen, (2) nach Videobeschreibungen, (3) nach der Perspektive einer dritten Person und (4) nach Beschreibungen, die einen Skeptiker überzeugen würden:

- Sie sagen, Ihnen würde dann auffallen, dass die Kommunikation besser ist. Können Sie mir ein paar Beispiele dafür geben?
- Wenn jemand Sie den ganzen Tag mit einer Videokamera filmen würde, woran könnten die Betrachter des Films sehen, dass Ihre Kommunikation besser geworden ist?
- Wenn Ihr Chef Ihrer Abteilung einen Besuch abstatten würde, was würde er an Veränderungen in Ihrer Kommunikation bemerken?
- Wenn es jemanden in Ihrer Abteilung gäbe, der extrem skeptisch wäre, was die Aussicht einer verbesserten Kommunikation angeht: Was müsste geschehen, damit man diese Person über-

zeugen könnte, dass sich die Dinge definitiv zum Besseren hin verändert haben?

Zusätzlich zu den Fragetypen, die wir oben beschrieben haben, können Sie auch Ihre eigenen Vorschläge als Arbeitsgrundlage anbieten. Es fällt den Leuten manchmal leichter, falsche Vermutungen zu korrigieren, als Antworten aus dem Nichts zu produzieren.

- Wenn Sie noch direkter sind, was Sie ja anstreben, bedeutet das, dass Sie die Leute kritisieren werden oder dass Sie es vermeiden werden, in Situationen eine dritte Person zu involvieren, in denen Sie mit der betreffenden Person selbst sprechen könnten?

Die Mittel und Wege werden offenbar

Je klarer das Bild der Abschnitte auf dem Weg zum Ziel in Ihrem Kopf ist, umso mehr werden Ihnen die Mittel und Wege bewusst werden, wie Sie dahin gelangen können. Vorstellungen davon, was Sie benötigen, um Ihr Ziel zu realisieren, entstehen als ein Nebenprodukt bei der Visualisierung der positiven Entwicklung.

COACH: Wir wollen uns vorstellen, dass Ihre Kollegen in Ihrer nächsten Vorstandssitzung bemerken würden, dass etwas geschehen ist, dass Sie einen gewissen Fortschritt gemacht haben. Was könnte das sein?
KLIENT: Schwer zu sagen. Vielleicht würde ihnen auffallen, dass ich mehr Verantwortung für die Struktuierung des Meetings übernehme.
COACH: Ja, und was würden sie sehen, was Sie anders machen?
KLIENT: Ich würde die Sitzung beginnen, indem ich mit einem Stift in der Hand am Flipchart stehe und mit ihnen eine Diskussion über die Ziele des Meetings eröffne.
COACH: Wie steht es mit der nächsten Sitzung, der Sitzung in zwei Wochen? Nehmen wir an, dass Sie auch weiterhin Fortschritte machen: Was würde ihnen dann auffallen? Was wäre anders?

Sie werden bemerken, dass die Leute durch Ihre Fragen, die sich auf das Aussehen der Veränderung beziehen, im gleichen Moment selbst die Antwort darauf finden, was sie tun müssen, um ihr Ziel zu erreichen.

Praktische Übung

Notieren Sie eine Beschreibung davon, wie Sie sich den Fortschritt vorstellen – angenommen, alles läuft gut. Entwerfen Sie eine Zeichnung, die vier bis zehn Schritte enthält, und verwenden Sie die Schritte in dem Bild, um den Fortschritt als einen positiv verlaufenden Prozess zu beschreiben. Geben Sie jedem Schritt einen zeitlichen Rahmen, sodass der erste Schritt für den Zeitpunkt in einer Woche steht, der zweite Schritt für den in zwei Wochen usw. Die Anzahl der Schritte, die Sie in Ihrer Zeichnung abbilden möchten, und das zeitliche Intervall, das Sie ihnen zuweisen möchten, werden von der Art Ihres Ziels abhängig sein.

Verwenden Sie nun die Schritte Ihres Bildes, um eine klare Vorstellung von den Phasen des Prozesses zu entwickeln, der zu Ihrem Ziel führt – wobei wir natürlich annehmen, dass Ihr Projekt erfolgreich sein wird. Beantworten Sie die folgenden Fragen:

- Was wäre ein kleines Anzeichen, etwa morgen, innerhalb von ein paar Tagen oder in einer Woche, das Ihnen den Beginn einer Bewegung in die richtige Richtung signalisieren würde?
- Was wäre ein noch bedeutenderes Zeichen, vielleicht eine Woche später, das Ihnen zeigen würde, dass Sie auch weiterhin Fortschritte machen?
- Wo stehen Sie in einem Monat? Wie steht es in einem Jahr?
- Wie werden andere Menschen bemerken, dass Sie zum nächsten Schritt übergegangen sind?
- Was würde selbst den größten Skeptiker unter Ihren Freunden davon überzeugen, dass Sie Ihr Ziel erreicht haben?

Indem Sie eine stufenförmige Beschreibung der erwünschten Veränderung erstellen, werden Sie Zuversicht aufbauen und sich gleichzeitig selbst dabei helfen, sich der spezifischen Dinge bewusst zu werden, die Sie tun müssen, um das Ziel zu erreichen.

Schritt 7: Stellen Sie sich den Herausforderungen

Schwierig schon, aber nicht unmöglich.

Reteaming ist ein positiver und stärkender Ansatz, um Menschen in einen Veränderungsprozess einzubinden. Daher mag es zunächst merkwürdig erscheinen, dass es auch diesen Schritt beinhalten sollte, bei dem man die Klienten zum Nachdenken darüber auffordert, warum das Erreichen Ihres Ziels wahrscheinlich nicht einfach sein wird.

> COACH: Gewichtsabnahme ist ein wunderbares Ziel, aber soviel ich weiß, nicht gerade ein leichtes. Stimmt das mit Ihrer Beobachtung überein? Ich habe viele Menschen erlebt, die sich mit diesem Ziel abquälen.
> KLIENT: Das stimmt. Es ist in der Tat ziemlich schwierig. Ich muss zugeben, dass ich es viele Male ohne Erfolg versucht habe.
> COACH: Haben Sie darüber nachgedacht, woran das liegt, dass es so schwierig ist?
> KLIENT: Ich weiß genau, was es so schwierig macht. Ich müsste disziplinierter und besser organisiert sein, bin es aber nicht. So einfach ist das.
> COACH: Das kann ich verstehen. Gibt es noch irgendetwas anderes, das es für Sie so schwierig macht?
> KLIENT: Natürlich. Zum Beispiel, dass ich Sportstudios nicht leiden kann und dass ich Schokolade liebe.
> COACH: Ja, das klingt nachvollziehbar. Kein Wunder, dass es für Sie ziemlich hart ist, dieses Ziel zu erreichen. Aber Sie haben dieses Ziel für unsere Arbeit ausgewählt, also müssen Sie wohl davon ausgehen, dass es Ihnen möglich ist, es auch zu erreichen. Was

gibt Ihnen das Gefühl, dass Sie trotz aller Schwierigkeiten in der Lage sein dürften, es zu schaffen?

Anzuerkennen, dass das Ziel nicht leicht zu erreichen sein wird, ist ein Ausdruck von Respekt, es ist ein bisschen so, als würde man sagen: »Ich weiß, dass dies eine ziemliche Herausforderung für dich sein wird.« Es ist in etwa so, als würde man jemandem die Absolution erteilen, wenn man feststellt, dass etwas schwierig ist: »Mit dir ist alles in Ordnung. Wenn das ein Kinderspiel wäre, hättest du es schon längst getan. Aber wir alle wissen, dass es das nicht ist. Es wäre für jeden in deiner Situation eine echte Herausforderung.«

Zusätzlich sollte man noch im Kopf behalten, dass es für die meisten Menschen befriedigender ist, schwierige Ziele anzustreben als leichte. Indem man anerkennt, dass ein Ziel eine Herausforderung darstellt, verleiht man der Motivation, das Erforderliche dafür zu tun, die nötige Würze.

Die Gründe zu diskutieren, warum das Erreichen eines Ziels nicht einfach ist, ist von entscheidender Wichtigkeit, wenn man mit Teams oder Gruppen von Menschen arbeitet. In Gruppen herrscht üblicherweise eine Vielfalt an Meinungen – wenn es eine Reihe von Leuten gibt, die optimistisch und ganz auf das Ziel ausgerichtet sind, gibt es häufig auch welche, die eher reserviert sind oder der ganzen Sache vielleicht sogar skeptisch gegenüberstehen. Es ist in der Regel besser, Raum für Skepsis zu schaffen, als sie zu unterdrücken. Geben Sie den Klienten eine Gelegenheit, ihre Meinung zu äußern und ihre Zweifel und Vorbehalte auszudrücken, begegnen Sie ihnen mit Respekt und nehmen Sie sie ernst. Sie werden durch Zustimmung und Kooperationsbereitschaft belohnt werden. Wenn Sie das Gegenteil tun, also Vorbehalte, Zweifel oder kritische Gedanken anzweifeln oder ignorieren, werden Sie überrascht sein, auf wie viel Widerstand Sie im weiteren Verlauf des Projekts stoßen werden.

Wenn man anerkennt, dass etwas schwierig ist, oder besser gesagt »nicht einfach«, bedeutet das noch lange nicht, dass es unmöglich ist. Im Gegenteil: Wenn etwas schwierig ist, ist es fast schon per definitionem auch möglich. Die Diskussion darüber, warum das Erreichen des Ziels nicht einfach ist, dient als Brücke, die es uns erlaubt, dass das Gespräch ganz natürlich zur nächsten logischen Frage übergeht: »... und warum ist es dennoch möglich?«

Praktische Übung

Es ist sehr wahrscheinlich, dass das Ziel, welches Sie ausgewählt haben, eine Herausforderung darstellt. Schließlich würden Sie all dies nicht auf sich nehmen, wenn Sie ein Ziel gewählt hätten, dessen Umsetzung für Sie ein Kinderspiel wäre. Sie brauchen sich mit dieser Frage nicht lange aufzuhalten und Sie müssen auch nicht herausfinden, wie Sie mit all den Punkten umgehen sollen, die das Erreichen des Ziels für Sie so schwierig machen. Schreiben Sie einfach nur ein paar der Gründe auf, warum es für Sie eine Herausforderung sein wird, Ihr Ziel zu erreichen, und gestatten Sie sich dann, zum nächsten Schritt des Reteaming-Programms überzugehen.

Schritt 8: Fördern Sie Optimismus

Einer der Schlüsselfaktoren in unserem Verständnis von Motivation ist »Zuversicht«, das heißt, daran zu glauben oder optimistisch zu sein, dass man in der Lage sein wird, sein Ziel zu erreichen.

Im Reteaming-Prozess haben wir bis jetzt schon Zuversicht aufgebaut, indem wir das Bewusstsein dafür geweckt haben, welchen Fortschritt wir bereits gemacht haben, und indem wir Helfer rekrutiert haben, die uns beim Erreichen unseres Ziels unterstützen. Was können wir darüber hinaus tun, um Zuversicht in Bezug auf die Erreichbarkeit unseres Ziels aufzubauen? Es gibt noch zwei Dinge, mit denen man sich auf der Suche nach weiteren Gründen für Zuversicht eingehend befassen sollte. Dies sind (1) das Anerkennen früherer Erfolge und (2) das Bewusstsein für die Existenz zusätzlicher Ressourcen.

Anerkennen früherer Erfolge

Wenn Sie zurückdenken, wie viele Probleme Sie während Ihres bisherigen Lebens bereits erfolgreich gelöst haben und wie viele Ziele Sie in der Vergangenheit bereits erreicht haben, dürften Sie in der Lage sein zu erkennen, dass es in der Vergangenheit Herausforderungen gegeben hat, mit denen Sie erfolgreich fertig geworden sind und die sich nicht so sehr von der jetzigen Herausforderung unterscheiden.

Dasselbe gilt häufig für Gruppen von Menschen. Wenn die Gruppe eine gemeinsame Geschichte hat, werden Sie wahrscheinlich eine bejahende Antwort auf diese Frage erhalten: »Haben Sie vorher bereits etwas Vergleichbares durchgemacht bzw. standen Sie schon einmal vor ähnlichen Herausforderungen?«

Jede Diskussion über frühere Erfolge im Umgang mit Problemen oder Herausforderungen – sogar wenn es um Probleme oder Herausforderungen geht, die mit der derzeitigen Situation nicht direkt vergleichbar sind – führt tendenziell zu einer Stärkung des Optimismus. Menschen haben die Neigung zu denken: »Wenn wir es vorher geschafft haben, können wir es schließlich auch wieder schaffen.«

Bewusstsein zusätzlicher Ressourcen

Wenn Sie mit einem Team arbeiten, empfiehlt es sich, die Teammitglieder zu bitten, Ressourcen in anderen Teammitgliedern zu benennen. Diese Intervention ist sehr wirkungsvoll, nicht nur im Hinblick darauf, Teammitgliedern bei der Entwicklung eines größeren Bewusstseins für verfügbare Ressourcen im Team zu helfen, sondern auch dabei, eine Atmosphäre gegenseitiger Wertschätzung und gegenseitigen Vertrauen zu erzeugen; ein willkommener Nebeneffekt in vielen Teams, bei denen es darum geht, die Qualität der Beziehung zwischen den Teammitgliedern zu verbessern.

- Ich bin mir sicher, dass jeder von Ihnen in irgendeiner Weise dazu beitragen kann, dieses Ziel zu erreichen. Sie alle haben irgendwelche Ressourcen, und was ich mit Ressourcen meine, sind Fähigkeiten, Talente, Know-how und vielleicht sogar Charaktereigenschaften, mit denen Sie zu dem Projekt, Ihr Ziel zu realisieren, beitragen können. Um all diese Ressourcen zu sehen, hätte ich gerne, dass Sie für jede Person im Team ein Blatt erstellen und diese Blätter dann herumgehen lassen, damit jeder darauf einfangen kann, welche Ressourcen die betreffende Person seiner Meinung nach besitzt, die zum Erreichen des Ziels im Team beitragen können.

Beim Auflisten der verfügbaren Ressourcen können Sie auch die Perspektive des außenstehenden Beobachters einsetzen, die wir schon in einer früheren Phase des Prozesses angewandt haben.

- Welche Qualitäten oder Fähigkeiten, die beim Erreichen des Ziels hilfreich sein könnten, würden Ihre Kollegen/Ihr Chef/Ihre Familienmitglieder Ihnen Ihrer Meinung nach zuschreiben?

Sie sollten das Auflisten der Ressourcen als aktiven Prozess auffassen, bei dem Sie umso mehr Ressourcen finden werden, je intensiver Sie suchen. Sie sollten sich die Freiheit nehmen, Ihren Klienten dabei zu helfen, ein Bewusstsein für zusätzliche Ressourcen zu entwickeln, indem Sie Suggestivfragen stellen, wie etwa:

- Gibt es irgendetwas anderes, das für Sie hilfreich sein könnte? Es könnte sich dabei um Bücher, Zeitschriften, Internetseiten handeln oder um Dinge, die Ihnen Spaß machen, Werte, nach denen Sie sich in Ihrem Leben richten, auch zusätzliche Kontakte zu Personen, mit denen Sie sich beraten könnten. Was kommt Ihnen da in den Sinn?

Wenn Sie eine Antwort erhalten, fragen Sie gleich weiter: »Und inwiefern wäre das für Sie hilfreich?« Eine Ressource ist für uns nur dann eine Ressource, wenn wir verstehen, wie sie in der Praxis bei unserem Streben danach, das Ziel zu erreichen, von Nutzen ist.

Sparsamkeit

Früher, als wir noch in der Entwicklung des Reteaming-Ansatzes steckten, haben wir häufig hart daran gearbeitet, unseren Klienten bei der Entwicklung von Zuversicht zu helfen, indem wir jedes der zuversichtsfördernden Themen getrennt diskutiert haben. Wir sorgten dafür, dass unsere Klienten sich darüber im Klaren waren, welchen Fortschritt sie bereits gemacht hatten. Wir ließen sie alle Helfer auflisten, wir halfen Ihnen dabei, alle denkbaren Ressourcen zu notieren, und wir halfen ihnen auf die Sprünge, wenn es darum ging, sich an Erfahrungen zu erinnern, wie sie in der Vergangenheit ähnliche Herausforderungen erfolgreich gemeistert hatten. Bald fanden wir allerdings heraus, dass eine solche Gewissenhaftigkeit nicht gerechtfertigt war; in den meisten Fällen ließ sich dieselbe Information weit weniger mühsam mit einer einzigen Frage in Erfahrung bringen: »Was gibt Ihnen die Zuversicht, dass Sie in der Lage sein werden, Ihr Ziel zu erreichen?«

Wenn man z. B. mit Organisationen arbeitet, kann man die Teilnehmer bitten, sich in Kleingruppen aufzuteilen und auf einer Skala von 1 Prozent bis 100 Prozent eine Einschätzung zu geben, wie fest sie daran glauben, dass sie in der Lage sein werden, ihr Ziel zu erreichen, – wobei 1 Prozent für »Es wird wahrscheinlich nie geschehen« und 100 Prozent für »Nichts kann uns aufhalten« steht .

Die Gruppen werden typischerweise Antworten mit einem geschätzten Prozentsatz von höher als 1 Prozent abgeben. Ob die Antwort 5 Prozent oder 50 Prozent lautet – Sie werden fortfahren, indem Sie sie fragen, wie sie zu der Zahl kommen, die sie angegeben haben, was es ist, das ihnen die Zuversicht gibt, die sie besitzen. Sie werden sehen, dass sie durch die Beantwortung der Frage spontan beginnen werden, darüber zu sprechen, welche verfügbaren Ressourcen, welche früheren Erfolge, welche Unterstützung von außen, welchen bereits gemachten Fortschritt etc. es gibt.

Praktische Übung

Da Sie nun die Frage beantwortet haben, warum das Erreichen Ihres Ziels nicht einfach ist, ist es an der Zeit, über die gegenteilige Frage nachzudenken: Welches sind die vielfältigen Gründe dafür, warum Sie glauben, das Erreichen Ihres Ziels sei dennoch möglich?

Erstellen Sie eine möglichst lange Liste. Denken Sie erneut über den Fortschritt nach, den Sie bereits gemacht haben. Erinnern Sie sich an frühere Erfolge beim Erreichen ähnlicher Ziele. Denken Sie darüber nach, welche zusätzlichen Ressourcen sonst noch für Sie verfügbar sein könnten. Denken Sie über Ihre eigenen Stärken nach und seien Sie dabei nicht bescheiden. Sie besitzen wahrscheinlich eine ganze Reihe von Fähigkeiten und positiven Qualitäten, die Ihnen bei der Umsetzung Ihres Ziels dienlich sein könnten.

Sie können sogar erwägen, Ihre Helfer zu fragen, wie sie Ihre Erfolgschancen einschätzen. Wenn sie sagen, sie seien zuversichtlich, dass Sie Ihr Ziel erreichen können, gehen Sie noch einen Schritt weiter und fragen Sie sie, wie sie zu dieser Zuversicht kommen. Es mag Sie überraschen herauszufinden, dass andere Leute tatsächlich an Sie glauben und dass sie das nicht nur aus Höflichkeit sagen, sondern gute Gründe dafür haben.

Schritt 9: Geben Sie ein Versprechen

Bis jetzt wurden Sie während des Reteaming-Prozesses noch nicht gefragt, was Sie nun eigentlich für Ihr Ziel tun werden. Wir haben bisher lediglich Ziele gesetzt, uns mentale Bilder des Fortschritts ausgemalt und auf unterschiedliche Weise die Motivation angekurbelt. Um zu unserer Metapher vom Brotbacken zurückzukehren: Der Teig ist angerührt und hatte Zeit aufzugehen; es ist nun an der Zeit, den Teig in den Ofen zu schieben und ihm die nötige Hitze zuzuführen, die ihn in Brot verwandelt.

> COACH: Wir sind also schon ziemlich weit gekommen. Laut unserem Plan werden wir uns in zwei Wochen treffen. Was werden Sie in diesen zwei Wochen in Bezug auf Ihr Ziel unternehmen? Wie lautet Ihr Aktionsplan für diese Zeitspanne?
> KLIENT: Ich weiß nicht genau. Muss ich wirklich einen Plan machen?
> COACH: Das ist in der Tat das, worum ich Sie bitten würde: mir zu sagen, was Sie von jetzt an bis zu unserem nächsten Treffen zu tun gedenken. Es wäre mir lieber, wenn Sie sich etwas Kleines und nicht etwas Großes vornehmen – Babyschritte, wenn Sie so wollen. Nächstes Mal, wenn wir uns treffen, können Sie mir dann berichten, wie das, was auch immer Sie getan haben, funktioniert hat. Was meinen Sie?

Als wir Reteaming entwickelt haben, haben wir uns bewusst für die Verwendung des Begriffs »Versprechen« entschieden, wenn es um den Aktionsplan geht, den unsere Klienten immer am Ende einer Sitzung entwickeln sollen. Insbesondere in einem Unternehmens-Setting klingt das Wort »Versprechen« professionell. Es ist so, als würde man sagen: »Wir sind nicht hier, um einfach bloß über schöne Ideen zu reden. Wir nehmen das hier ernst; wir planen nicht nur, Dinge zu tun, sondern legen uns auch darauf fest, sie in die Tat umzusetzen.« Der Begriff »Versprechen« hat einen Beiklang von Entschlossenheit.

Geheime Versprechen

Wenn Sie eine Gruppe von Menschen, die zusammenarbeiten, coachen – sei es ein Team in einem Unternehmen oder eine Schulklasse –, können Sie die Gruppe in Untergruppen aufteilen und diese bitten, Versprechen darüber abzugeben, was sie vor dem nächsten gemeinsamen Treffen tatsächlich tun werden, um sich für das Ziel einzusetzen. Alternativ können Sie jeden Einzelnen bitten, den anderen sein persönliches Versprechen, was er zum Erreichen des Ziels beitragen möchte, mitzuteilen.

Egal, welchen Weg Sie wählen – also Individuen, die Versprechen abgeben, oder kleine Gruppen, die beschließen, etwas gemeinsam zu tun –, Sie können die Leute auch bitten, es im Geheimen zu tun, ohne sich gegenseitig ihre Versprechen mitzuteilen. Dann können Sie die Teilnehmer auffordern, sich gegenseitig zu beobachten und dabei herauszufinden oder zu erraten, was die anderen in der Zeit bis zur nächsten Sitzung tun, um ihr Ziel voranzubringen. Ihre Instruktion könnte z. B. so lauten:

- Ich möchte, dass Sie sich in kleine Gruppen aufteilen. Jede Gruppe wird eine Entscheidung über etwas Kleines, aber Konkretes treffen, das Sie von jetzt an bis zu unserem nächsten Treffen für Ihr Ziel unternehmen werden. Ich möchte, dass Sie Ihre Entscheidung für sich behalten. Sie sollten Ihre Versprechen auf diese Zettel hier schreiben und sie an mich weiterreichen, wenn Sie fertig sind. Sagen Sie niemandem, was Sie versprochen haben. Und dann, in der Zeit bis zu unserem nächsten Treffen, sollen Sie Folgendes machen: Beobachten Sie sich gegenseitig, versuchen Sie, jemand anderen in Aktion zu erwischen, wenn er gerade etwas tut, was mit dem Voranbringen des Ziels zu tun hat. Wenn Sie glauben, dass Sie mitbekommen haben, wie jemand etwas im Hinblick auf das Ziel sagt oder tut, kommentieren Sie es nicht. Zwinkern Sie ihm einfach nur zu, um zu signalisieren, dass Sie glauben etwas aufgeschnappt zu haben. Nächstes Mal, wenn wir uns treffen, werden wir darüber sprechen, was sich ereignet hat. Wir werden über die Dinge sprechen, die Sie unternommen haben, und wir werden herausfinden, wie genau Sie beobachtet haben, was die anderen getan haben.

Die Vorgehensweise, Versprechen geheim zu halten, bereichert das Projekt um eine angenehm spielerische Note. Die Gruppenmitglieder werden einander mit einem Blick für positive Veränderungen beobachten, und das wird an sich schon einen günstigen Effekt auf die Beziehungen zwischen den Gruppenmitgliedern haben.

Die Killerfrage

Es dürfte Ihnen aufgefallen sein, dass die unvermeidbare Frage »Was werden Sie dafür unternehmen?« relativ spät im Verlauf des Reteaming-Prozesses auftaucht. Wir glauben, dass es wichtig ist, mit dieser Frage etwas zu warten. In der Zwischenzeit sollte man seine Klienten mit den vorhergehenden Fragen vorbereiten – Fragen, die helfen, Motivation und das Bewusstsein dafür aufzubauen, was zum Erreichen des Ziels zu tun ist.

Wenn man in einer zu frühen Phase des Prozesses danach fragt, also bevor das Interesse und die Zuversicht aufgebaut sind, kann die Frage »Was werden Sie dafür unternehmen?« sogar nach hinten losgehen und die Motivation negativ beeinflussen. Stellen Sie sich z. B. einen Patienten vor, der seinem Arzt erzählt, er habe sich entschlossen, mit dem Rauchen aufzuhören, und der Arzt antwortet mit folgender Bemerkung: »Also, was werden Sie dafür unternehmen?« In einigen Fällen kann das vielleicht sogar funktionieren, aber meistens riskieren Sie durch voreiliges Konfrontieren der Klienten mit der »Was werden Sie dafür unternehmen?«-Frage – statt für eine Weile geduldig bei den motivationsbildenden Fragen zu verweilen –, dass sie ihre Lust oder Bereitschaft verlieren, sich für eine Veränderung einzusetzen. Kein Wunder also, dass diese Frage manchmal die »Killerfrage« genannt wird.

Kleine Schritte

Kleine Schritte bringen einen oft weiter als große Sprünge.

Wir empfehlen den Menschen immer, langsam voranzugehen, lieber ein kleines Versprechen abzugeben als ein großes. Der Vorteil kleiner Versprechen ist der, dass die Klienten eher erfolgreich darin sein werden, sie auch einzuhalten, und mit größerer Wahrscheinlichkeit in der nächsten Sitzung von einem Fortschritt berichten können. Wenn wir mit einer Gruppe von Personen mit individuellen Zielen arbeiten, bitten wir die Gruppen sicherzustellen, dass die einzelnen Mitglieder ihre Versprechen klein bzw. bescheiden halten, etwa nach folgendem Beispiel:

> COACH: Was werden Sie also versprechen, bis zum nächsten Mal zu unternehmen, damit Ihr Ziel, Spanisch zu lernen, erreichen?
> KLIENT: Ich verspreche, in die Bücherei zu gehen und mir zunächst einmal ein paar Bücher und DVDs zu besorgen.
> COACH: Sind Sie sicher, dass Sie es nicht übertreiben? Wie wäre es mit dem Versprechen, erst einmal herauszufinden, wo die Bücherei ist?

Eher kleine als große Versprechen abzugeben hat den zusätzlichen Vorteil, dass der Fortschritt leichter wahrnehmbar ist und man ihn anderen Menschen leichter mitteilen kann. Schließlich sind die Aufmerksamkeit im Hinblick auf Erfolge und der Austausch mit anderen die treibende Kraft und das Herzstück jedes lösungsfokussierten Ansatzes, der auf Veränderungsprozesse abzielt.

Warum es sich empfiehlt, an die Öffentlichkeit zu gehen

Wenn Sie sich selbst etwas versprechen, ist es äußerst einfach, das Versprechen zu brechen. Wenn Sie einer anderen Person etwas versprechen, setzen Sie sich stärker dafür ein, es einzulösen, aber wenn Sie Ihr Versprechen sogar öffentlich machen, also vor mehreren Leuten davon sprechen, sind Sie fast verpflichtet, es zu halten.

Wenn Sie Ihr Versprechen öffentlich machen, weckt das Erwartungen: Die Leute, die davon erfahren haben, werden erwarten, dass Sie es einhalten, und ihre Erwartungen erzeugen sozialen Druck. Eine gesunde Portion sozialer Druck – insbesondere, wenn er freiwillig hervorgerufen wurde – kann uns den zusätzlichen Antrieb geben, den wir benötigen, um das zu tun, was zur Umsetzung unserer Zielvorstellung zu tun ist.

Praktische Übung

Um Ihr Ziel zu erreichen, werden Sie handeln müssen, also Dinge tun müssen, die Sie Ihrem Ziel näher bringen. Sie sollten einen Pan für jede Woche haben, einen Plan, der eine Verpflichtung bzw. ein »Versprechen« enthält, bei dem Sie sich für die nächsten sieben Tage jeweils eine Aufgabe zuweisen.

Um sicherzustellen, dass Sie sich an diese selbst auferlegten wöchentlichen Aufgaben halten, gibt es zwei Dinge, die Sie tun sollten. Zuerst sollten Sie Ihre Versprechen irgendwo aufschreiben, wo Sie sie leicht sehen können, sei es Ihr Kalender, ein Notizbuch, die Kühlschranktür oder Ihr Blog im Internet. Zweitens sollten Sie mindestens eine, besser zwei Personen auswählen, denen Sie von Ihren wöchentlichen Versprechen berichten. Wenn Sie Ihre Versprechen mit anderen Menschen Ihrer Wahl teilen, wird das einen sanften Druck auf Sie ausüben und die Wahrscheinlichkeit erhöhen, dass Sie nicht nur Versprechen geben, sondern sie auch einlösen.

Es gibt noch einen Punkt, den man bedenken sollte, wenn es um die wöchentlichen Versprechen geht: Kleine Schritte bringen Sie häufig weiter als große Sprünge. Wenn Sie entscheiden, was Sie nächste Woche tun sollen, erwägen Sie, einen Gang herunterzuschalten, und entscheiden Sie sich lieber für etwas Kleines als etwas Großes. Je größer Ihr Versprechen ist, umso größer ist das Risiko, dass Sie nicht in der Lage sein werden, es einzuhalten. Natürlich wird Sie niemand davon abhalten, mehr zu tun, als Sie versprochen haben! Halten Sie Ihre Versprechen klein, und Sie werden von sich selbst häufig positiv überrascht sein, wenn Sie darauf zurückblicken, welchen Fortschritt Sie gemacht haben, und sich vor Augen führen, dass Sie in der letzten Woche eigentlich viel mehr geschafft haben, als Sie vorgehabt hatten.

Schritt 10: Führen Sie ein Fortschrittstagebuch

Ein wichtiges Element von Reteaming ist das Follow-up. Um Ihre Motivation aufrechtzuerhalten, werden Sie positive Erfahrungen benötigen, das Gefühl, dass Sie Fortschritte machen und dass sich die Dinge in die richtige Richtung bewegen. Reteaming basiert auf lösungsfokussierter Psychologie. Daher überrascht es nicht, dass das Follow-up auch in einer lösungsfokussierten Art und Weise durchgeführt wird: Das Hauptaugenmerk liegt dabei auf den Indikatoren für eine positive Entwicklung.

Zu diesem Zweck werden Sie ein Tagebuch, ein Arbeitsbuch, Notizheft, Flipchart, ein Poster an der Wand oder eine Website benötigen ... irgendetwas, wo Sie Anzeichen für Erfolge festhalten können. Ohne ein System für die ordentliche Dokumentation positiver Entwicklungen drohen die Anzeichen für Fortschritte unbemerkt zu bleiben, oder sie werden bis zu dem Zeitpunkt, wo es eine Gelegenheit gäbe, darüber zu sprechen, schlichtweg vergessen.

Wenn Sie Einzelpersonen coachen, sollten Sie von Ihrem Klienten verlangen, dass er ein Arbeitsbuch beliebiger Art führt, in dem er Informationen über seine Fortschritte notiert. Wenn Sie mit einem Team oder einer Gruppe von Menschen arbeiten, sollten Sie erwägen, ein großes Blatt an der Wand zu befestigen, und die Teilnehmer bitten, sich zu verpflichten, dort so häufig wie möglich Kommentare über den Fortschritt zu notieren. Dieses Blatt wird hilfreich für Sie sein, wenn Sie das nächste Mal mit dem Team oder der Gruppe ein Gespräch über die eingetretenen Veränderungen beginnen.

Lösungsfokussiertes Follow-up bedeutet nicht nur, darauf zu achten, was für Fortschritte man gemacht hat, und sich darüber zu freuen. Es geht vielmehr darum, Fortschritte aufzuspüren und herauszufinden, was die Klienten getan haben, um diesen Fortschritt zu erzielen, und warum das, was sie getan haben, funktioniert. Diese Analyse wird nicht nur ein Gefühl des Stolzes für die eigenen Aktionen und Anerkennung der Handlungen anderer erzeugen, sondern auch zu der Erkenntnis führen, was funktioniert und welche zukünftigen Maßnahmen man ergreifen kann, um den Fortschritt am Laufen zu halten.

Positive Auswirkungen

Erfolgreiche Projekte haben in der Regel positive Effekte. Wenn man z. B. alle Schüler in einer positiven Art und Weise in ein Projekt einbezieht, den Geräuschpegel im Klassenraum niedrig zu halten, wird man höchstwahrscheinlich eine Reihe von günstigen Nebeneffekten erzielen. Vielleicht werden die Noten besser oder es gibt weniger Rangeleien oder die Eltern entwickeln ein größeres Interesse daran, die Klasse zu besuchen. Es ist daher wichtig, dass Sie sich beim Durchführen eines Follow-ups nicht darauf beschränken, nur die günstigen Entwicklungen aufzuspüren, die mit dem vorher festgelegten Ziel im Zusammenhang stehen, sondern auch solche in anderen Lebensbereichen des Klienten.

Praktische Übung

Um sicherzustellen, dass Sie Ihre Aufmerksamkeit fortwährend auf Dinge richten, die Sie zum Erreichen Ihres Ziels tun, und auf die kleineren und größeren Anzeichen eines Fortschritts, ist es notwendig, dass Sie in irgendeiner Form ein Tagebuch führen, um diese Fortschritte regelmäßig aufzuschreiben. Das Tagebuch kann eine beliebige Form haben, solange es einen Bericht über die Dinge, die Sie tun, und die beobachteten Veränderungen enthält: ein Zettel an der Wand, eine Datei auf Ihrem Computer, ein Reteaming-Arbeitsbuch, ein Notizblock oder vielleicht sogar ein öffentlicher Blog im Internet.

Wir empfehlen dringend, dass Sie die Informationen, die Sie in Ihrem Tagebuch sammeln, mit mindestens einer anderen Person teilen, möglicherweise mit einem Ihrer Helfer. Hier sind einige Fragen aufgelistet, die Ihnen bei Ihren regelmäßigen Aufzeichnungen eine Richtung vorgeben können.

- Welche Anzeichen für einen Fortschritt haben Sie in der letzten Woche bemerkt?
- Welche Highlights haben Sie in der letzten Woche gehabt?
- Was haben Sie selbst in der vergangenen Woche für Ihr Ziel unternommen?
- Was haben andere Menschen zu Ihrer Unterstützung getan?
- Wer hat Ihren Fortschritt bemerkt? Welche Anzeichen für den Fortschritt haben die Betreffenden gesehen?
- Welche positiven Nebeneffekte auf andere Bereiche Ihres Lebens hatte Ihr Projekt?
- Was ist während der vergangenen Woche geschehen, das Ihnen die Zuversicht gibt, dass Sie es schaffen können?

Schritt 11: Bereiten Sie sich auf mögliche Rückschläge vor

Während Sie sich daran machen, Ihre Mission zu erfüllen und auf das Ziel hinzuarbeiten, wird Ihnen möglicherweise klar, dass die Dinge nicht immer so glattgehen, wie Sie es sich vorgestellt haben, als Sie den zukünftigen Fortschritt visualisiert haben. Unterwegs werden Sie Enttäuschungen unterschiedlichster Art erleben. Damit Sie bei Rückschlägen nicht die Hoffnung verlieren, ist es wichtig, dass Sie innerlich darauf vorbereitet sind, damit zurechtzukommen. Rückschläge treten häufig überraschend auf. Daher ist es wahrscheinlich nicht möglich, einen Plan für jedes denkbare Hindernis, das einem auf dem Weg begegnen mag, in petto zu haben. Es ist allerdings möglich, eine Haltung zu entwickeln, bei der man potenzielle Rückschläge als etwas ansieht, das zu dem Prozess dazugehört, und eine allgemeine Vorstellung davon hat, wie man konstruktiv mit ihnen umgeht, ohne die Hoffnung zu verlieren. Wenn Sie die Reteaming-Methode für die Arbeit mit Gruppen anwenden, kann es manchmal geschehen, dass sich der positive Geist zu einer Art Automatismus entwickelt, was dazu führt, dass die Teilnehmer es unterlassen, ihre Vorbehalte und Zweifel über die Machbarkeit des Projekts, nämlich das Ziel zu erreichen, äußern. Um einen solchen »erzwungenen Optimismus« oder die »Lasst es uns positiv sehen«-Haltung zu vermeiden, ist es wichtig, das Thema potenzieller Rückschläge oder Frustrationen anzusprechen.

Wenn der Fortschritt ausbleibt

Eine der häufigsten Frustrationen bei dem Versuch, Ziele zu erreichen, besteht darin, dass man das Gefühl hat, auf der Stelle zu treten und keine Fortschritte zu machen. Man hat ein Projekt begonnen und zu Beginn machte es den Eindruck, als würden sich die Dinge in die richtige Richtung entwickeln. Nach einer Weile stellt sich bei einer Follow-up-Sitzung allerdings heraus, dass sich der Fortschritt verlangsamt hat und dass die allgemeine Motivation gesunken ist. Das ist der Moment zum Innehalten und Nachsinnen, ob es vielleicht nötig ist, etwas zu überdenken oder revidieren. Die folgenden vier Fragen können in solchen Situationen hilfreich sein.

1. Sollten Sie Ihr Ziel überdenken?

Sind Sie sicher, dass das Ziel, das Sie ausgewählt haben, wirklich das Ziel ist, mit dem Sie arbeiten möchten, oder gibt es vielleicht etwas, das Ihnen wichtiger erscheint – etwas, in das Sie Ihre Zeit und Energie lieber stecken würden? Manchmal treffen Menschen eine Entscheidung, an einem bestimmten Ziel zu arbeiten, aber wenn sie darangehen, die Schritte von Reteaming zu bearbeiten, wird ihnen nach und nach klar, dass es nicht genau das ist, was sie beabsichtigt haben, und es wird ihnen bewusst, dass sie eigentlich etwas anderes wollen. In diesen Situationen kann es von Vorteil sein, das Ziel durch ein anderes zu ersetzen.

2. Tun Sie die richtigen Dinge?

Wenn Sie sich sicher sind, dass Ihr Ziel richtig gewählt ist, sollten Sie sich fragen, ob Ihre Vorgehensweise funktioniert. Was haben Sie bisher unternommen, damit sich die Dinge in die richtige Richtung entwickeln? War es hilfreich? Sollten Sie vielleicht etwas anderes probieren? Was würden Ihre Helfer sagen? Haben diese vielleicht gute Vorschläge, was Sie sonst noch ausprobieren könnten, um voranzukommen? Frei nach dem Motto: »Wenn es nicht funktioniert, probier was anderes.«

3. Brauchen Sie noch mehr Ressourcen?

Angenommen, Ihr Ziel ist richtig gewählt und Sie tun die richtigen Dinge, um voranzukommen, so kann es sein, dass Ihnen die Ressourcen fehlen. Müssen Sie Ihre Helfer dazu bringen, sich mehr zu beteiligen, oder müssen Sie zusätzliche Helfer rekrutieren? Brauchen Sie mehr finanzielle Mittel, mehr Informationen, mehr Kontakte? Wenn es Ihnen an Ressourcen fehlt, finden Sie heraus, was Sie benötigen, und entwerfen Sie einen Plan, wie Sie es bekommen können.

4. Sind Sie einfach nur ungeduldig?

Zu guter Letzt: Wenn man das Gefühl hat, dass der Fortschritt ausbleibt, sollte man die Möglichkeit erwägen, dass die Dinge sich eigentlich gut entwickeln und sie sogar im richtigen Tempo voranschreiten und dass die Frustration nur daher rührt, dass man ungeduldig oder überehrgeizig ist. Wenn dies der Fall ist, sollte man sich auf die orientalische Weisheit besinnen, die uns lehrt, dass man den Fluss nicht anschieben muss, er fließt von allein.

Praktische Übung

Die Dinge sind ins Rollen gekommen, Sie haben Ihr Versprechen abgegeben und Sie haben sich darauf vorbereitet, Ihren Fortschritt engmaschig und regelmäßig zu kontrollieren und zu überwachen. Es gibt noch etwas anderes, das Sie tun sollten, bevor Sie darangehen, Ihre Mission zu erfüllen. Sie sollten sich psychologisch darauf vorbereiten, dass Sie auf Ihrem Weg Rückschläge oder Frustrationen erleiden. Die Dinge laufen nicht immer ganz so glatt, wie Sie es sich vielleicht vorgestellt haben, als Sie eine Vision des künftigen Fortschritts entwickelt haben. Unterschiedlichste Formen von Komplikationen können sich Ihnen in den Weg stellen.

Nehmen Sie sich einen Moment Zeit, um darüber nachzudenken, welche spezifischen Hindernisse auf Ihrem Weg auftreten könnten. Es kann alles sein vom Einfangen einer lästigen Erkältung bis zu einer wichtigen Veränderung in der Gesetzgebung oder von der mangelnden Zeit, das Versprechen einzuhalten, bis hin zu einer Umstrukturierung der Organisation, in der Sie arbeiten. Sie sind der Einzige, der begründete Vorhersagen potenzieller Enttäuschungen auf Ihrem Weg machen kann.

Wenn Sie eine Liste wahrscheinlicher Frustrationen erstellt haben, entwickeln Sie einen Plan, wie Sie mit diesen Situationen gut zurechtkommen können, ohne Ihre Hoffnung oder Motivation zu verlieren. Ihre Pläne müssen nicht notwendigerweise wie detaillierte Strategien der genauen nötigen Maßnahmen aussehen; es reicht, wenn Sie ein Bewusstsein für die Möglichkeit solcher Ereignisse entwickeln und eine allgemeine innere Haltung der Bereitschaft haben, positiv mit ihnen umzugehen.

Schritt 12: Feiern Sie Ihren Erfolg und danken Sie Ihren Helfern

Den Erfolg feiern

Wenn Sie Ihr Ziel erreicht oder einen ausreichend großen Fortschritt gemacht haben, sodass Sie das Gefühl haben, Ihr Projekt beenden zu können, ist es Zeit zum Feiern. Mit dem Wort »Feiern« meinen wir hier, dass Sie ein Resümee über Ihren Fortschritt ziehen, anerkennen, welche Dinge Sie zum Erreichen Ihres Ziels getan haben, und all den Personen danken, die in irgendeiner Weise zu Ihrem Erfolg beigetragen haben.

Die Funktion einer Feier ist nicht nur die, dass die Leute sich über das Erreichte freuen sollen. Es geht noch mehr darum, die positive Veränderung zu festigen, ein Bewusstsein dafür zu schaffen, durch welche Maßnahmen etwas erreicht wurde, die Nachrichten über die Veränderung im sozialen Netzwerk zu verbreiten und die fortdauernde Unterstützung durch andere sicherzustellen.

Positiven Wandel festigen

Es ist einfacher, Projekte zu beginnen, als sie zu Ende zu bringen. Daher ist es nicht ungewöhnlich, dass Leute mit einem Projekt nach dem anderen anfangen, wobei jedes eine Ewigkeit dauern kann.

Die Fertigstellung oder das finale Follow-up wird als wichtiger Bestandteil von Reteaming angesehen. Hierbei ernten Sie die Früchte Ihres Erfolgs.

Das Schluss-Follow-up könnte der richtige Zeitpunkt sein, zu dem Sie stolz verkünden, dass Sie das Ziel erreicht und die Mission erfüllt haben. Es ist einfach, wenn das Ziel etwas eindeutig Definiertes ist, wie z. B. fünf Kilo abzunehmen oder ein Haus zu bauen. In vielen

Fällen ist das Ziel allerdings sehr viel unklarer und unbestimmter. Es gibt keine objektiven Kriterien, die anzeigen, dass das Ziel erreicht ist, und daher kann die Idee eines Schluss-Follow-ups oft schwer realisierbar sein.

Glücklicherweise muss man das Schluss-Follow-up nicht unbedingt als Indikator für eine erfüllte Mission ansehen. Es kann auch als eine Markierung des Endpunktes einer für das Projekt reservierten Zeitperiode aufgefasst werden, als eine Art letzter Stopp zur Beurteilung, wie weit man gekommen ist, und um zu erkennen, wie man bis hierher gekommen ist; es kann als eine Gelegenheit gesehen werden, bei der man stolz auf das Erreichte sein und bei der man die Energie, die man in dieses Projekt gesteckt hat, nun auf etwas anderes umlenken kann.

Bewusstsein dafür schaffen, welche Maßnahmen angewandt wurden

Eine der Schlüsselfragen in der Feierphase ist: »Was haben Sie getan, um bis zu diesem Punkt zu kommen?« Diese Frage ermöglicht es den Klienten, sich bewusst zu werden, welche Maßnahmen sie ergriffen haben, um dahin zu gelangen, wo sie jetzt stehen, und sich selbst das Verdienst für ihren Fortschritt zuzuschreiben. Weitere Fragen wie etwa »Was haben Sie noch getan?«, »Wie sind Sie darauf gekommen?«, »Woher hatten Sie die Idee?« oder »Wie haben Sie es hingekriegt, dass es funktioniert?« sind wichtig, um den Menschen zu helfen, ihre eigene Rolle in der gesamten Entwicklung zu sehen und schätzen zu lernen. Es ist richtig, dass wir eine Menge aus unseren Fehlern lernen können, aber wahrscheinlich lernen wir sogar noch mehr aus unseren Erfolgen.

Nachrichten vom Erfolg verbreiten

Der Abschluss eines Projekts stellt auch eine Gelegenheit dar, einen Plan dafür zu entwerfen, wie man wichtige andere Personen darüber informiert, welchen Fortschritt man gemacht hat. Wer soll von der positiven Veränderung erfahren? Warum wäre es wichtig, dass diese Personen davon erfahren? Und wie sollen sie informiert werden?

In vielen Fällen gibt es gute Gründe dafür, die Nachricht über eine positive Veränderung zu verbreiten. Falls Ihr Ziel z. B. darin besteht zu lernen, besser Stellung zu beziehen, Nein zu sagen, wenn es notwendig ist, dann ist es für Sie zwar wichtig, diese Fähigkeit zu erlernen, aber es mag von ebenso großer Relevanz für Sie sein, dass andere – vielleicht Arbeitskollegen oder Familienmitglieder – von dieser Veränderung erfahren und sie anerkennen. Veränderung bedeutet in den meisten Fällen nicht nur, sich selbst zu verändern, sondern auch, seine Beziehung zum Rest der Welt zu verändern.

Die Anerkennung mit anderen teilen

Es kann durchaus eine heikle Angelegenheit sein, die Nachrichten über positive Veränderungen zu verbreiten. Sie können nicht davon ausgehen, dass die Meldung über Ihre positive Entwicklung immer mit Begeisterung und uneingeschränkter Hochachtung aufgenommen wird. In der Realität können Nachrichten, die aus Ihrer Perspektive zu begrüßen sind, aus dem Blickwinkel eines anderen Menschen vielleicht eher schlechte Nachrichten sein.

Stellen Sie sich eine Situation vor, in der sich zwei Menschen abmühen, ihr Gewicht zu reduzieren. Person A berichtet Person B freudig, dass sie erfolgreich am Ziel angelangt ist und es geschafft hat, das angestrebte Gewicht zu erreichen. Wenn Person B es überhaupt nicht geschafft hat abzunehmen oder vielleicht sogar noch ein paar Kilo zugenommen hat, ist die gute Nachricht von Person A in gewisser Weise eine schlechte Nachricht für Person B. Auch wenn B sich für A freut, kann er wahrscheinlich nicht umhin, sich schlecht zu fühlen, da die Nachricht über den Erfolg von A ihm schmerzlich vor Augen führt, dass er selbst mit der angestrebten Gewichtsabnahme gescheitert ist. Gute Nachrichten bergen das Risiko, zu schlechten Nachrichten zu werden, wann immer die Gefahr besteht, dass die Person, die die Nachricht empfängt, sich kritisiert fühlt. Sie sagen z. B.: »Unsere Abteilung hat nun zwei Wochen an diesem Projekt gearbeitet und wir haben schon fantastische Ergebnisse erzielt.« Die Person, zu der Sie sprechen, kann in ihrem Kopf einen komplett anderen Satz wahrnehmen: »Wie kommt es, dass Ihre Abteilung in diesem Projekt noch gar keine Ergebnisse erzielt hat, auch wenn Sie schon ein ganzes Jahr daran gearbeitet haben?«

Bei guten Nachrichten – also Informationen über Fortschritte oder positive Veränderungen – besteht immer das Risiko, dass der Empfänger die Nachrichten als indirekten Vorwurf wahrnimmt. Stellen Sie sich z. B. einen Ehemann vor, der von einer langen Reise nach Hause kommt und seine Frau fragt, wie es ihr mit den Kindern ergangen ist, während er weg war.

> EHEMANN: Wie lief es mit den Kindern, während ich weg war, Liebling?
> EHEFRAU: Och, es ging gut. Ziemlich gut sogar. Eigentlich haben wir keins der Probleme gehabt, die wir haben, wenn du da bist!

Die indirekte Anschuldigung lässt sich vermeiden, wenn man dem Empfänger einfach einen Teil des Verdienstes für die guten Nachrichten anbietet. Stellen Sie sich vor, wie anders sich die Situation in unserem Beispiel darstellen würde, wenn die Frau einfach nur so antworten würde:

> EHEMANN: Wie lief es mit den Kindern, während ich weg war, Liebling?
> EHEFRAU: Och, es ging gut. Sehr gut sogar. Sie haben sich während der ganzen Zeit sehr gut benommen. Ich glaube, es war wichtig, dass du jeden Tag mit ihnen telefoniert hast.

Nachrichten über einen Fortschritt zu verbreiten wird viel einfacher, wenn Sie es in einer gemeinschaftlichen Art tun können, indem Sie einen Teil des Verdienstes für die positive Veränderung mit den Menschen teilen, die Sie über Ihren Fortschritt informieren möchten. »Wir haben nun zwei Wochen an diesem Projekt gearbeitet und haben das Gefühl, dass wir gute Fortschritte machen. Wir haben eine Menge von dem profitiert, was Sie getan haben, während Sie an diesem Projekt gearbeitet haben, bevor es an uns weitergereicht wurde.«

Auch wenn Sie nicht direkt eine Reihe von Leuten als Helfer rekrutieren, wie man es beim Reteaming tut, spielen andere Menschen oft eine gewisse Rolle oder tragen in irgendeiner Art und Weise zu Ihrem Erfolg bei. Wenn man die Nachrichten über den Fortschritt mit einer Anerkennung der Rolle anderer kombiniert und großzügig damit umgeht, seine Anerkennung für deren Beitrag zu zeigen, hat das eine Reihe von positiven Effekten. Es legitimiert Ihre Verbreitung der Erfolgsnachrichten, es zerstreut potenziellen Neid und stärkt die Kooperation zwischen Ihnen und den Menschen, denen Sie Anerkennung für Ihren Beitrag zu dem Fortschritt zollen.

Den Erfolg fortlaufend feiern

Das Gefühl, stolz auf die eigenen Errungenschaften zu sein und anderen für ihren Beitrag Anerkennung zu schenken, wird hier als der letzte Schritt des Reteaming-Prozesses beschrieben, als etwas, das man nur dann tut, wenn das Ziel erreicht ist und es an der Zeit ist, das Projekt zu beenden.

In gewisser Weise stimmt es natürlich, dass die Idee des Feierns am besten an das Ende eines Projekts passt, aber, wie Sie sich vielleicht schon gedacht haben, ist der Stolz auf die eigenen Errungenschaften und das Anerkennen der anderen für ihren Beitrag nicht etwas, das bis zum Abschluss des Projekts warten muss. Es kann auch als eine Haltung angesehen werden, eine grundlegende Einstellung, die den gesamten Reteaming-Prozess durchdringt. Man könnte sogar sagen, dies ist das Herzstück von Reteaming.

Übernehmen Sie die Idee einer Feier als leitendes Prinzip in Ihre Arbeit mit Menschen. Sehen Sie es nicht als etwas an, das nur am Ende eines erfolgreichen Projekts geschieht, sondern als etwas, das jeden einzelnen Schritt Ihrer Arbeit bereichert. Sie werden sehen, dass die Idee, Klienten dazu zu ermutigen, stolz auf das Erreichte und großzügig zu sein, wenn es darum geht, den Beitrag der anderen anzuerkennen, ansteckend ist. In gewisser Weise ist es genau das, worum es im Reteaming geht; es ist eine Möglichkeit, gute Nachrichten zu verbreiten: Dadurch, dass man durch die Zusammenarbeit mit anderen positive Veränderungen herbeiführt und das Verdienst dafür mit jedem, der Anteil hatte, teilt, können wir ein Gefühl der Freude und der kollektiven Leistung in einer Gemeinschaft erzeugen.

Praktische Übung

Wenn Sie das Gefühl haben, dass Ihr Ziel erreicht ist, oder wenn Sie zufrieden mit dem bisher gemachten Fortschritt sind, ist die Zeit gekommen, das Projekt zu beenden und zu etwas anderem überzugehen. Es ist wichtig, dass Sie Ihr Projekt richtig abschließen – nicht abrupt, sondern elegant, eben in der Art von Reteaming. Das richtige Beenden des Projekts wird sicherstellen, dass Ihre Veränderungen auch fortdauern, dass nicht nur Sie selbst, sondern auch Ihr Ruf sich ändern wird und dass Sie auch weiterhin Unterstützung von anderen Menschen bekommen werden.

Nehmen Sie sich etwas Zeit, Ihren Fortschritt genauer zu beleuchten. Schauen Sie in Ihr Tagebuch und zählen Sie all die Dinge auf, die Sie getan haben, all die Veränderungen, die stattgefunden haben, all die Höhepunkte während Ihres Projekts und all die Beobachtungen von Fortschritten und Nachwirkungen, die Sie während der Arbeit an Ihrem Ziel gemacht haben.

Stellen Sie sich nun die folgenden Fragen:

- Was haben Sie getan, um dies geschehen zu lassen?
- Was haben Sie getan, auf das Sie stolz sein können?
- Was schätzen andere Leute an der Art, wie Sie auf Ihr Ziel hingearbeitet haben?

Seien Sie nicht bescheiden. Stolz auf Ihre Leistungen zu sein ist ein wichtiger Bestandteil davon, Ziele zu erreichen. Stolz zu sein hilft Ihnen, sich der speziellen Dinge bewusst zu werden, die Sie getan haben, um den Fortschritt zu erzielen, und die Sie in der Folgezeit tun müssen, wenn Sie in Zukunft ähnlichen Herausforderungen gegenüberstehen.

Es gibt spezifische Dinge, die Sie für Ihr Ziel unternommen haben. Aber wir wollen nicht die anderen Leute vergessen, insbesondere Ihre Helfer. Höchstwahrscheinlich haben sie auch in irgendeiner Weise zu Ihrem Erfolg beigetragen. Vielleicht haben sie Ihnen mit Ideen oder Vorschlägen geholfen oder sie haben Sie in irgendeiner anderen Form unterstützt. Manchmal haben Ihnen andere Menschen vielleicht sogar ganz unbewusst geholfen, indem sie etwas sagten, das Sie herausgefordert hat, die anderen vom Gegenteil zu überzeugen, oder indem sie zufällig etwas getan haben, das sich als hilfreich für Sie erwiesen hat. Denken Sie über die Leute in Ihrem sozialen Umfeld nach und überlegen Sie, wie sie zu Ihrem Erfolg beigetragen haben. Zum Schluss denken Sie darüber nach, in welcher Form Sie diese Menschen über Ihr Erreichtes informieren werden und sie wissen lassen, welche Rolle sie dabei gespielt haben.

Probleme lösen

Wenn wir über Probleme sprechen, wollen wir wissen, warum sie da sind; wenn wir über Ziele sprechen, wollen wir wissen, wie wir sie erreichen können.

Bis jetzt haben wir Reteaming als eine Methode dargestellt, die man in der Arbeit mit Menschen anwendet, die bereit sind, in einer Art und Weise zu arbeiten, die nicht auf ihre Probleme fokussiert ist, sondern darauf, wie sie die Dinge in der Zukunft gerne hätten, und auf die Ziele, die sie erreichen müssen, um dahin zu gelangen.

Im wirklichen Leben werden Sie allerdings sehen, dass die Klienten, mit denen Sie arbeiten, oft ziemlich stark auf ihre Probleme fixiert sind und sich mit einem Ansatz unwohl fühlen, der ihre Probleme links liegen lässt und sie stattdessen auffordert, sich auf ihre Zukunft zu konzentrieren. Die lösungsfokussierte Philosophie mag ihnen in einer solchen Situation oberflächlich erscheinen, so als würde man die wirklichen Themen vermeiden, indem man nur positiv denkt und die Probleme unter den Teppich kehrt.

Wenn Sie Menschen coachen, die gerne über ihre Probleme sprechen möchten, die das Gefühl brauchen, dass Sie das Wesen ihrer Schwierigkeiten verstehen, ist es ratsam, dass Sie sich an die Philosophie halten, den Klienten dort abzuholen, wo er steht, und damit beginnen, seine Probleme zu benennen. Mit dem Entwickeln einer Beschreibung der erwünschten Zukunft anzufangen ist in der Tat nur eine von mehreren Möglichkeiten, wie man die Ziele, die man bearbeiten möchte, identifizieren kann. Eine gleichwertige andere Option ist es, mit der Auflistung der Probleme zu beginnen und sie als Ausgangspunkt zu verwenden, um relevante Ziele herauszufinden.

Probleme und Ziele liegen eigentlich gar nicht so weit auseinander. Man kann sie sogar als die zwei Seiten einer Medaille ansehen. Wann immer wir etwas als Problem erleben, haben wir den Wunsch, diesen bestimmten Zustand zu verändern. Und um diese Veränderung zu erreichen, um das Problem also erfolgreich zu lösen, müssen wir eine Vorstellung davon entwickeln, wie die Dinge stattdessen sein sollten. Das Ziel auf der anderen Seite der Medaille ist das Bewusstsein darüber, wie wir die Dinge gerne hätten.

Wir haben den Begriff »Goaling« (Ziele setzten, in Ziele umwandeln) zur Beschreibung des Vorgans eingeführt, bei dem hinter Problemen Ziele identifiziert werden, also spezifiziert wird, was nötig ist, um Problemen in korrespondierende Ziele umzuwandeln. Goaling ist der entscheidende Schritt, bei dem man Probleme, nachdem man sie anerkannt hat, in zu erreichende Ziele umdefiniert. Indem man eine Liste von Problemen dem Goaling unterzieht, wird sie zu einer Liste von Zielen, die man im Reteaming-Prozess als Arbeitsgrundlage verwenden kann.

Hier haben wir für Sie ein paar Beispiele für das Goaling aufgeführt.

- Das Problem lautet »schwaches Selbstbewusstsein« – was ist das korrespondierende Ziel? Die Antwort hängt davon ab, wie wir schwaches Selbstbewusstsein definieren, aber allgemein gesprochen könnte das Ziel z. B. lauten: »an sich selbst glauben«, »stolz auf seine Errungenschaften sein« oder »Selbstvertrauen haben«.
- Das Problem eines Teams lautet »Konkurrenz und Mangel an Zusammenarbeit« – was ist das korrespondierende Ziel? Das Ziel ist das Gegenteil, also die Teammitglieder dazu zu bewegen, miteinander zu kommunizieren und gut zusammenzuarbeiten.
- Wenn das Problem eines Paares darin besteht, dass es sich »ständig zankt und schlecht kommuniziert« – was könnte das Ziel sein? Die Antwort ist natürlich nicht festgelegt, aber sie könnte etwa so lauten: »lernen, respektvoll miteinander umzugehen« oder »lernen, über schwierige Themen in einer Art und Weise zu sprechen, die von gegenseitiger Wertschätzung geprägt ist«.

Sie merken also, dass es beim Goaling nicht darum geht, Lösungen für Probleme zu finden. Es geht nur um den Vorgang, das Problem neu zu formulieren, und es so auszudrücken, dass es in Beziehung zu dem erwünschten Ergebnis steht.

Im folgenden Beispiel hat der Coach einer Gruppe von Klienten die Idee des Goalings erklärt:

- Sie haben eine Reihe von Problemen erwähnt, mit denen wir uns beschäftigen müssen. Was ich gerne als Nächstes tun würde, ist, jedes dieser Probleme, die Sie beobachtet haben, in ein korrespondierendes Ziel zu verwandeln. Teilen Sie sich in kleine Gruppen von drei bis vier Leuten auf, nehmen Sie ein Blatt Papier und ziehen Sie einen senkrechten Strich, der die Seite in zwei Spalten teilt. In die linke Spalte schreiben Sie die Liste von Problemen, die Ihrer Meinung nach bearbeitet werden sollten. Wenn Sie mit der Liste fertig sind, wandeln Sie die Probleme eines nach dem anderen in korrespondierende Ziele um und schreiben Sie sie in die rechte Spalte. Wenn Sie damit fertig sind, falten Sie das Papier entlang der Linie und reißen es in zwei Teile. Sie halten dann zwei Streifen Papier in den Händen, einen mit den Problemen und einen anderen mit den korrespondierenden Zielen. Schmeißen Sie den mit den Problemen weg und bringen Sie den, auf dem die Ziele stehen, mit, wenn wir uns hier in 15 Minuten wieder treffen. Wir werden alle Ziele, die Sie gefunden haben, auf das Flipchart schreiben und dann von dort aus weitermachen.

Goaling erleichtert das Sprechen über Probleme. Wenn Menschen über Probleme in der üblichen Art und Weise sprechen, heben sie sie hervor und versuchen, sie zu erklären, und es ist nicht ungewöhnlich, dass sich eine solche Unterhaltung schwierig gestaltet. Das geschieht häufig, weil die Erklärung, die eine Person in dem Gespräch anbietet, vielleicht von einer oder mehreren anderen als Kritik erlebt wird. Wenn Menschen sich kritisiert fühlen, reagieren sie häufig so, dass sie beginnen, sich zu verteidigen. Wenn Teilnehmer sich in einer Konversation verteidigen müssen, hat das negative Auswirkungen auf die Atmosphäre der Unterhaltung und verhindert die Zusammenarbeit mit dem Resultat, dass man keine Lösungen findet. Im schlimmsten Falle entwickelt sich der wohlgemeinte Versuch, ein Problem zu lösen, zu einem Teufelskreis, in dem die Frage »Warum ist das Problem noch nicht gelöst?« eine neue Runde von Erklärungen und Verteidigungen einläutet, was die Stimmung, die Zusammenarbeit und die Wahrscheinlichkeit der Lösungsfindung weiter verschlechtert.

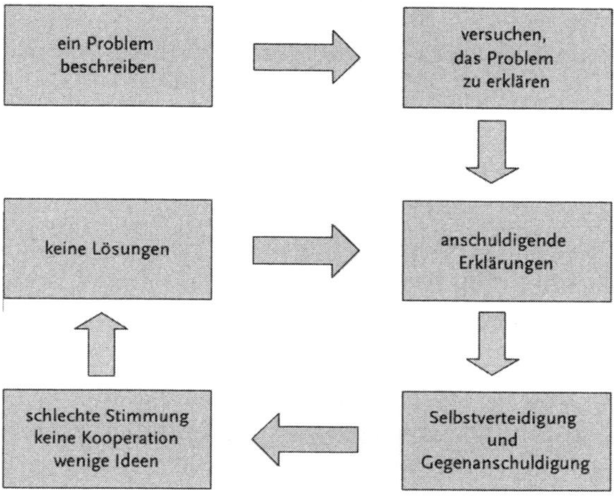

Goaling ist eine Möglichkeit, diesen Teufelskreis zu verhindern. Wenn Probleme in Ziele umgewandelt sind, bekommt die Unterhaltung eine andere Qualität. Es wird möglich zu erkennen, dass der Fortschritt schon im Gange ist, und es kommt in der Regel das Bedürfnis auf, diesen Fortschritt zu erklären. Während der Fortschritt erklärt wird, erfahren verschiedene Personen Anerkennung für ihren Beitrag und die Stimmung wird leicht und angenehm; die Teilnehmer arbeiten zusammen und tauschen Ideen darüber aus, was man noch unternehmen könnte, um das Ziel voranzubringen. Neue Ideen werden entwickelt und es folgt ein »Circulus virtuosus«, also ein positiver Kreislauf, aus den Erklärungen weiterer Fortschritte.

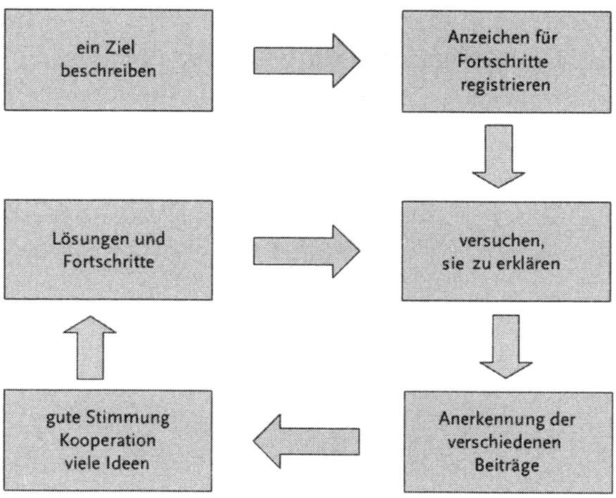

Wenn man Probleme erst einmal durch korrespondierende Ziele ersetzt hat, kann man im weiteren Verlauf die Schritte von Reteaming anwenden:

- Mit welchem dieser Ziele möchten Sie arbeiten?
- Welche positiven Effekte, glauben Sie, wird das Erreichen dieses Ziels haben?
- Wer könnte Ihnen beim Erreichen dieses Ziels helfen?
- Welchen Fortschritt haben Sie bereits gemacht?

Und so weiter und so fort ... Folgendes sollte betont werden: Wenn man den Reteaming-Prozess damit beginnt, dass man Probleme identifiziert und sie in Ziele umwandelt, schließt das nicht aus, dass man den Klienten Informationen über Zukunftsträume und -hoffnungen entlockt. Dies geschieht ganz natürlich, wenn Sie die Vorzüge eines Ziels mit Ihren Klienten diskutieren und sie fragen: »Welche Ihrer Visionen kann das Erreichen dieses Ziels verwirklichen helfen?«

Lösungsfokussiert zu sein bedeutet, auf Themen zu fokussieren, die mit Träumen, Zielen, Ressourcen und Fortschritten zu tun haben. Aber um lösungsfokussiert zu sein, brauchen Sie keine Problem-Phobie zu entwickeln. Sie sollten stattdessen Probleme als ein Kapital ansehen, als Erfolg versprechende Ziele, als Auftakt zu Gesprächen, die mit Bildern davon beginnen, was die Leute nicht wollen, und die darauf abzielen, Bilder zu entwerfen, was Sie sich stattdessen wünschen.

Das Schaubild auf der folgenden Seite fasst den Reteaming-Prozess zusammen. Es illustriert die Idee, dass Sie Ziele entweder aus Träumen ableiten können, also aus Visionen der idealen Zukunft, oder auch aus Problemen, indem Sie sie in zu erreichende Ziele umdefinieren.

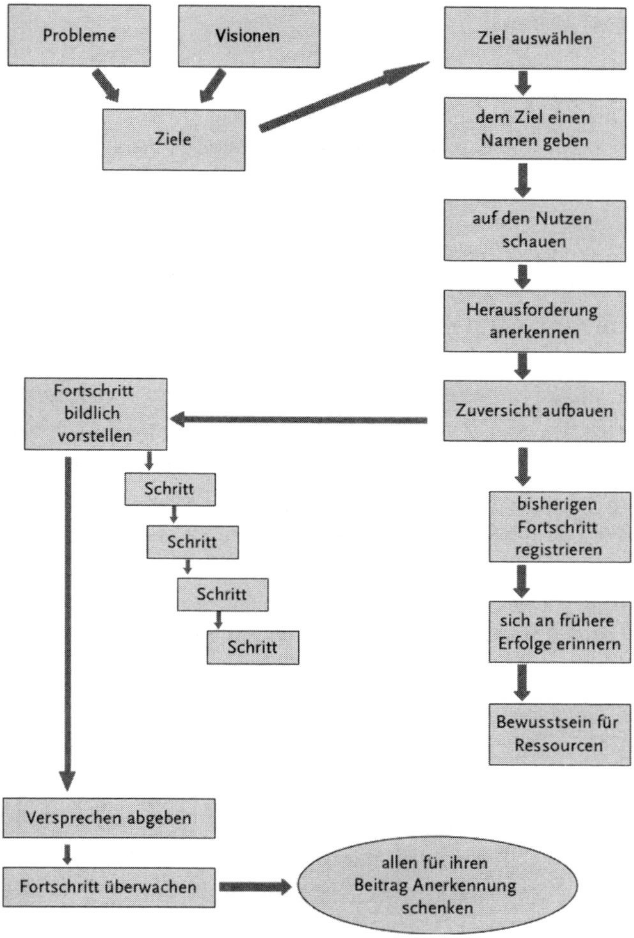
Probleme
Visionen
Ziele
Ziel auswählen
dem Ziel einen Namen geben
auf den Nutzen schauen
Herausforderung anerkennen
Zuversicht aufbauen
bisherigen Fortschritt registrieren
sich an frühere Erfolge erinnern
Bewusstsein für Ressourcen
Fortschritt bildlich vorstellen
Schritt
Schritt
Schritt
Schritt
Versprechen abgeben
Fortschritt überwachen
allen für ihren Beitrag Anerkennung schenken

Gruppenarbeit

Reteaming war ursprünglich darauf zugeschnitten, Teams zu coachen, die bereit sind, an einem gemeinsamen Ziel zu arbeiten. Kurz nachdem wir das erste Arbeitsbuch entwickelt hatten, fanden wir heraus, dass sich genau dieselben Schritte ebenso gut dafür eignen, Einzelpersonen zu coachen, die bereit sind, in kleinen Helfergruppen an ihren persönlichen Zielen zu arbeiten.

Diese Anwendung von Reteaming passt auf jede Situation, in der Leute zusammenkommen und sich mehrere Male treffen können, um einander dabei zu helfen, Probleme zu überwinden oder Ziele zu erreichen. Unter anderem ist die Methode in folgenden Bereichen eingesetzt worden: Gruppen zur Gewichtskontrolle; Hilfe für Langzeitarbeitslose, wieder einen Fuß in den Arbeitsmarkt zu bekommen; Hilfe für Patienten mit chronischen Schmerzen, die ihre Lebensqualität verbessern möchten; Unterstützung von Personen, die sich von einem Burn-out oder einer Depression erholen; Motivieren psychiatrischer Patienten in Rehabilitationsprogrammen; Unterstützung von Angestellten beim Erreichen arbeitsrelevanter persönlicher Ziele; der Unterstützung von Studenten beim Erreichen akademischer Ziele usw.

Diese Gruppen können aus vier bis fünf Personen bestehen, die sich gegenseitig dabei unterstützen, persönliche Ziele nach den Schritten des Reteaming-Programms zu setzen und zu erreichen. Ihre Rolle als Coach besteht darin, die Anleitungen für die einzelnen Aufgaben zu geben, mögliche Fragen zu beantworten und ein anerkennendes Interesse dafür zu zeigen, wie die Gruppen ihre Aufgabe bewältigen. Die Gruppen werden ziemlich unabhängig voneinander an den Aufgaben arbeiten, daher ist es auch möglich, dass Sie gleichzeitig mit verschiedenen Gruppen im selben Raum arbeiten.

Die beste Möglichkeit, Ihnen eine Vorstellung davon zu vermitteln, wie der Prozess funktioniert, ist es vielleicht, Ihnen Einblick in die Instruktionen zu geben, die wir über die Jahre bei der Arbeit mit kleinen Gruppen in Workshops oder Trainingsseminaren verwendet haben.

1. Begrüßung

Beginnen Sie damit, dass Sie den Teilnehmern erklären, worum es beim Reteaming geht, und ihnen die Schritte des Prozesses kurz erläutern. Wenn möglich, geben Sie jedem Teilnehmer ein Arbeitsbuch, damit er sich Notizen machen und die Schritte des Programms mitverfolgen kann.

2. Gruppen bilden

Bilden Sie Gruppen von vier bis fünf Personen, die während des Programms zusammenarbeiten werden. Es spielt keine Rolle, ob sich die Gruppenmitglieder bereits kennen oder nicht.

3. Aufwärmübung

Bitten Sie die Mitglieder der Gruppe, sich kurz vorzustellen. Wir verwenden dazu häufig folgende Instruktion: »Ich hätte gerne, dass Sie sich den anderen vorstellen. Sagen Sie einfach nur Ihren Namen und woher Sie kommen. Zusätzlich dazu möchte ich, dass Sie jedem anderen Gruppenmitglied eine Sache sagen, nur eine Sache, die Sie an dem Betreffenden schätzen. Wenn Sie sich bereits kennen, ist das eine leichte Übung, aber wenn Sie sich noch nie vorher gesehen haben, müssen Sie sich auf Ihren allerersten Eindruck verlassen. Es könnte sein, dass Sie etwa Folgendes sagen: ›Thomas, ich kenne dich noch nicht, aber mein erster Eindruck ist, dass du eine – jetzt nennen Sie die positive Eigenschaft – Person bist.‹ Tun Sie all das zügig und ganz sachlich. Sie sollten nicht überreagieren und in Tränen ausbrechen, sich gegenseitig umarmen und alle übermäßig emotional werden. Wenn die anderen Ihnen ihren ersten positiven Eindruck von Ihrer Person schildern, nicken Sie einfach oder sagen Sie ›Dankeschön‹ oder fahren Sie fort, bis jeder einen positiven Eindruck über jede Person geäußert hat.«

Die Teilnehmer werden für diese Übung nicht mehr als zehn Minuten benötigen. Wenn sie fertig sind, sollten Sie sie fragen, wie sie sich dabei gefühlt haben. Sie werden sehen, dass die Übung den meisten Menschen ziemlich gut gefällt. Sie ist einfach, sie macht Spaß und sie hat einen erstaunlich positiven Effekt auf die Atmosphäre in der Gruppe.

4. Jubelritual

Bevor die Gruppe beginnt, mit den Schritten des Reteaming-Programms zu arbeiten, empfiehlt es sich, dass Sie den Teilnehmern die Idee des Cheerleadings, also des Anfeuerns, erklären – und damit eine Vorstellung davon vermitteln, wie man sich gegenseitig mit einem Ritual unterstützt und ermutigt, das dem von Sportlern in Mannschaftssportarten ähnelt, wenn sie ein Tor erzielt haben. Sie können solche Beispiele heranziehen, z. B. aus dem Fußball, Einhockey oder Basketball, wo der kollektive Ausdruck des Jubels bei Erfolgen gang und gäbe ist.

Manchmal empfiehlt es sich vorzuschlagen, dass das Jubelritual eher subtil sein sollte, statt etwas Lautes, das eine Menge Aufmerksamkeit auf sich zieht. Im Kontext eines Workshops ist es egal, worin das Jubelritual besteht, aber ein eher zurückhaltendes Ritual wird mit höherer Wahrscheinlichkeit später für den Arbeitsplatz übernommen als ein lautes und überdrehtes.

- Ich möchte, dass Sie sich ein paar Minuten Zeit nehmen und ein kollektives Jubelritual entwickeln, das Sie durchführen können, wann immer es gute Nachrichten gibt, wenn Sie etwas erreicht haben oder mit irgendetwas Erfolg hatten. Mit einem Jubelritual meine ich das, was Sportler häufig machen. Sie haben schon oft gesehen, was geschieht, wenn eine Fußballmannschaft ein Tor erzielt. Sie drücken ihre Freude über den Sieg aus, indem sie alle übereinanderspringen. Und beim Basketball machen sie alle möglichen Arten von Abklatschereien. Denken Sie sich irgend so etwas aus, irgendein Signal, das Sie zusammen geben können, wann immer es einen Grund gibt, stolz zu sein oder sich zu freuen.

Wenn die Gruppen fertig sind, bitten Sie sie, ihr Ritual vorzuführen, und erklären Sie ihnen Ihren Wunsch, dass sie es bei der gemeinsamen Arbeit immer dann einsetzen sollen, wenn es auch nur den leisesten Grund gibt, etwas hervorzuheben, das als Erfolg gewertet werden kann.

5. Visionen

Für diesen Schritt, den ersten Schritt im Reteaming-Programm, bitten Sie die Teilnehmer, zu zweit zu arbeiten und sich gegenseitig über ihre Zukunftsvisionen zu interviewen.

- Ich hätte gerne, dass Sie als Nächstes eine andere Person aus Ihrer Gruppe auswählen, mit der Sie zusammenarbeiten, und sich gegenseitig über Ihre Zukunftsträume interviewen. Wählen Sie ein Datum in der Zukunft, in mindestens einem Jahr, und befragen Sie dann Ihren Partner, als sei jetzt dieser Tag. Er oder sie wird vor Freude strahlen, weil die Dinge momentan richtig gut laufen. Versuchen Sie herauszufinden, welches all die Dinge sind, über die er oder sie so glücklich ist. Was geschieht gerade bei der Arbeit oder im Studium? Was gibt es von zu Hause an guten Nachrichten? Wie steht es mit den Hobbys? Und mit den Freunden? Versuchen Sie, ein reichhaltiges Bild all der wunderbaren Dinge zu entwerfen, die Ihre Partner an diesem Punkt in ihrem Leben erfahren. Machen Sie sich Notizen darüber, was Ihr Partner Ihnen erzählt, und egal, ob Ihnen das leicht fällt oder nicht: Versuchen Sie, auch so viele Zeichnungen wie möglich einzubeziehen. Ein kleines Bild kann mehr aussagen als tausend Worte. Wenn Sie fertig sind, geben Sie Ihrem Partner Ihre Notizen. Fassen Sie das als kleines Geschenk auf, das Sie der anderen Person überreichen können.

Zur Fertigstellung dieser Aufgabe sollten Sie den Teilnehmern mindestens 20 bis 30 Minuten pro Person geben. Wenn sie erst einmal in Fahrt sind und sich bei der Person, mit der sie sprechen, geborgen fühlen, können sie noch eine ganze Weile länger über ihre Zukunftsträume sprechen.

6. Ziele

Der nächste Schritt besteht in der Bitte an Teilnehmer, ein Ziel zu benennen, an dem sie arbeiten möchten, und den anderen Gruppenmitgliedern ihre Wahl mitzuteilen.

- Denken Sie über Ihre Vision nach und dann über ein Ziel, das Ihnen helfen könnte, sie zu verwirklichen. Mit einem Ziel meine ich etwas, das Sie vielleicht lernen müssen, verändern müssen, oder etwas, das Sie erreichen müssen und das dazu beitragen kann, dass Ihre Visionen eines Tages wahr werden. Ihr Ziel sollte nicht negativ formuliert sein, wie mit etwas aufzuhören oder eine schlechte Angewohnheit loszuwerden, sondern positiv, also etwas zu erreichen oder stolz auf etwas zu sein. Wenn Sie sich für ein Ziel entschieden haben, kehren Sie zur Gruppe zurück, um es den anderen mitzuteilen. Wenn Sie sich die Ziele der anderen Gruppenmitglieder anhören, können Sie Fragen stellen, um sicherzugehen, dass Sie verstehen, was mit dem Ziel gemeint ist. Dann zeigen Sie Ihre Bewunderung ganz offen: »Klingt interessant!«, »Was für ein wunderbares Ziel!«, »Daran hätte ich auch denken sollen!«, »Das ist eine coole Idee!« Hierbei können Sie sogar Ihr kollektives Jubelritual ausprobieren, indem Sie es bei jedem Ziel, das innerhalb der Gruppe angesagt wird, einsetzen.

7. Namen, Mottos, Symbole

Wenn Sie alle Ziele der Gruppe erfahren haben, ist es Ihre nächste Aufgabe, jedem Teilnehmer zu helfen, einen passenden Namen und ein Symbol für das Ziel zu finden.

- Ich möchte, dass Sie sich vorstellen, Ihre Gruppe sei eine Werbeagentur. Ihre Aufgabe besteht darin, jedem Einzelnen zu helfen, einen richtig guten Namen für sein Ziel zu finden. Der Name kann lustig sein, er kann cool sein, einfach beschreibend, symbolisch, sachlich ... Er kann aus einem Wort bestehen oder aus einem kurzen Satz – was immer Ihnen sinnvoll erscheint und was in irgendeiner Form die Essenz dessen enthält, was Sie erreichen möchten. Die Gruppe hat die Aufgabe, Ihnen Vorschläge anzubieten und Sie zu inspirieren. Am Ende werden Sie allerdings selbst entscheiden, wie Sie Ihr Projekt nennen möchten.

  Wenn Ihr Ziel einen Namen hat, kann es auch noch irgendeine Art von Symbol bekommen. Ich meine damit ein Bild, ein Logo, ein Zeichen – irgendetwas, das Sie zeichnen können oder in der Hand halten, das für das Projekt stehen und Sie an Ihr Ziel erinnern wird. Einige von Ihnen können vielleicht besser zeichnen als andere. Zögern Sie also nicht, eine andere Person zu bitten, die Zeichnung für Sie anzufertigen. Der Sinn der Gruppe besteht darin, dass wir einander helfen und uns in jeder möglichen Form unterstützen.

8. Helfer

Da die Teilnehmer in Gruppen von etwa vier Leuten arbeiten, ist die Aufgabe, Helfer zu finden, in gewisser Weise schon erledigt. Jeder in einer Gruppe hat schon drei Helfer, die sich der Aufgabe verschrieben haben, ihn zu unterstützen. Außerdem ist diese Helferbeziehung wechselseitig. Für die Mitglieder einer Gruppe ist es von großer Wichtigkeit, von den anderen unterstützt zu werden, aber es ist gleichermaßen wichtig für sie, in der privilegierten Rolle des Helfers zu sein.

Denken Sie über die vielen Arten nach, wie die Gruppenmitglieder sich helfen, unterstützen und gegenseitig inspirieren können. Sie können Interesse am Ziel eines anderen äußern, sie können nützliche Fragen stellen, es kann sein, dass ihnen wunderbare Vorschläge einfallen, sie können Ideen anzweifeln, die vielleicht eher nicht funktionieren, sie können mit jemandem die Begeisterung über seinen Fortschritt teilen, sie können Trost spenden, wenn die Dinge nicht wie erhofft laufen, sie können sich durch die Art und Weise, wie sie an ihrem eigenen Ziel arbeiten gegenseitig inspirieren ... Die Liste ist endlos.

Es empfiehlt sich, zusätzlich zu den Gruppenmitgliedern auch noch andere Helfer zu haben, wie z. B. Familienmitglieder, Arbeitskollegen oder Freunde. Es kann sein, dass die Gruppe sich nicht besonders häufig trifft, in machen Fällen sogar nur wenige Male, und daher ist es nötig, dass man zusätzliche Helfer hat, die annähernd täglich verfügbar sind.

- Als Nächste hätte ich gerne, dass Sie darüber sprechen, welche Menschen in Ihrem Leben, also Familienmitglieder, Kollegen oder Freunde, Sie über Ihr Projekt informieren möchten. Wer soll davon erfahren und wie werden Sie die Leute informieren? Welche Reaktion erwarten Sie von ihnen und in welcher Form bitten Sie sie um Hilfe? Gibt es irgendetwas Spezifisches, um das Sie einige dieser Menschen bitten könnten, womit sie Ihnen helfen oder Sie ermutigen können, auf Ihr Ziel hinzuarbeiten? Erarbeiten Sie mit der Hilfe Ihrer Gruppenmitglieder einen Plan, wie Sie solche zusätzlichen Personen in Ihr Projekt einbeziehen können.

Diese Diskussion führt zur ersten Hausaufgabe, nämlich mit den Personen, die man als potenzielle Helfer benannt hat, zu sprechen, ihnen von dem Projekt zu berichten und sie dazu einzuladen, eine Rolle zu übernehmen, um das Projekt zum Erfolg zu bringen.

9. Nutzen

Es gibt einen Grund, warum man beim Reteaming Helfer rekrutiert, bevor die Vorteile des Ziels herausgearbeitet werden. Zum einen können Menschen, die bereits als Helfer ausgewählt worden sind, als »externe Beobachter« auf der Suche nach Vorteilen eingesetzt werden, wie bei der Frage: »Was würde diese Person sagen, welche nützlichen Effekte es für Sie hätte, wenn Sie Ihr Ziel erreichten?« Zum anderen ziehen Helfer häufig in irgendeiner Form Gewinn aus dem erreichten Ziel, und das Bewusstsein dieser Tatsache trägt dazu bei zu erspüren, wen man als Helfer rekrutieren soll – »Glauben Sie, dass diese Person in irgendeiner Form davon profitieren wird, wenn Sie Ihr Ziel erreichen? In welcher Weise wird es ihm oder ihr nützen?«

Bitten Sie die Teilnehmer, sich gegenseitig über den Nutzen ihrer Ziele zu interviewen. Ihre Instruktion könnte etwa so lauten:

- Ihre nächste Aufgabe besteht darin, die positiven Auswirkungen des erreichten Ziels herauszufinden, und zwar nicht nur die Auswirkungen für Sie selbst, sondern auch für andere Leute, inklusive derer, die Sie ausgewählt haben, als Helfer zu fungieren. Sprechen Sie immer nur mit einem Gruppenmitglied und versuchen Sie, ihm oder ihr dabei zu helfen, so viele Vorteile des Ziels wie möglich zu erkennen. Hierbei könnten Ihnen folgende zwei Hinweise nützlich sein.

  Erstens: Wenn Sie eine Antwort bekommen – jede beliebige Antwort auf Ihre Frage »In welcher Art und Weise wird es Ihnen nützen, Ihr Ziel zu erreichen?« –, fahren Sie fort, indem Sie die Person fragen, inwiefern dieser Effekt ihm oder ihr nützen kann. Wenn die Person z. B. antwortet »Ich werde mehr Zeit für mich haben«, dann fahren Sie fort mit so etwas wie »Aha, Sie werden mehr Zeit für sich haben. Klingt gut. Und inwiefern wird das gut für Sie sein?« Sie sollten allerdings behutsam damit umgehen und die Frage »Inwiefern wird das gut für Sie sein?« nicht überstrapazieren; Sie wollen sich schließlich nicht wie ein Papagei anhören. Wenn man sie sparsam einsetzt, kann diese Frage sehr hilfreich dafür sein, ein reichhaltiges Bild von den erwarteten Vorzügen des Ziels hervorzulocken.

Zweitens: Sie können der Person, mit der Sie sich unterhalten, dadurch helfen, dass Sie ihren Blick für Menschen, die von dem Ziel profitieren, erweitern, indem Sie das »Bigger Picture« ins Spiel bringen, also das weitere Umfeld miteinbeziehen. Sie könnten fragen: »Gibt es jemand anderen, der davon profitieren könnte, dass Sie Ihr Ziel erreichen?« Oder Sie könnten auch so etwas vorschlagen: »Glauben Sie, dass sogar Ihr Ehepartner/Ihre Kinder/Arbeitskollegen in irgendeiner Form davon profitieren würden, dass Sie Ihr Ziel erreichen?«

Sie werden 10 bis 15 Minuten pro Person für diese Aufgabe benötigen. Und noch eine letzte Bemerkung: Das Interview wird besser laufen, wenn der, der gerade von einem anderen Gruppenmitglied befragt wird, sich währenddessen keine Notizen machen muss, sondern ein anderer Teilnehmer sich bereit erklärt, dies für ihn zu übernehmen.

Nachdem die Gruppen diese Aufgabe beendet haben, sollten Sie sie darum bitten, Ihnen ein Feedback zu geben. Wie fanden sie die Aufgabe? Hat es ihnen Spaß gemacht? Hat es für sie irgendetwas verändert? Hatte es einen Effekt auf ihre Motivation? Was halten sie von der Idee, ein bisschen Zeit darauf zu verwenden, über die Vorzüge zu sprechen? Warum ist es für uns wichtig, uns all der potenziellen positiven Auswirkungen unserer Ziele bewusst zu sein?

10. Bisherige Fortschritte

Als Einführung zur nächsten Übung sagen Sie etwas Ähnliches wie:

- Wenn Menschen ein Ziel auswählen, das sie bearbeiten möchten, sind sie in den meisten Fällen bereits auf dem Weg, d. h. sie haben schon irgendetwas in Bezug auf ihr Ziel unternommen.

Und dann fahren Sie fort:

- Als Nächstes möchte ich, dass Sie jede Person in der Gruppe einzeln über die Schritte befragen, die sie bereits in Richtung auf ihr Ziel unternommen hat. Versuchen Sie herauszufinden, wie weit derjenige bisher schon gekommen ist, was er oder sie bereits getan hat und wie andere Leute zu diesem Fortschritt beigetragen haben könnten. Je mehr Sie darüber nachdenken, umso mehr Dinge werden Ihnen bewusst werden, die sich bereits in die richtige Richtung bewegen.

11. Künftige Fortschritte

Jetzt, da die Mitglieder der Gruppe einen klaren Eindruck von den Zielen jedes anderen und eine Vorstellung davon haben, wie nah jeder Einzelne seinem Ziel bereits gekommen ist, ist es an der Zeit, dass Sie die Teilnehmer mit der Aufgabe betrauen, sich die Stufen des zukünftigen Fortschritts bildlich vorzustellen. Diese Übung ist zeitaufwendig – Sie benötigen mindestens 15 bis 20 Minuten pro Person –, und daher können Sie die Teilnehmer auch in Paaren arbeiten und sich dann wieder versammeln lassen, um dem Rest der Gruppe von den Ergebnissen zu berichten.

- Jetzt möchte ich Sie bitten, sich gegenseitig über Ihre Ideen zu interviewen, wie sich die Dinge entwickeln werden, vorausgesetzt, alles läuft gut. Benutzen Sie das Bild der Stufen in Ihrem Arbeitsbuch oder nehmen Sie ein Blatt Papier und zeichnen Sie das Bild einer Treppe darauf. Die erste Stufe sollte den Zeitpunkt in einer Woche markieren, die nächste Stufe den in zwei Wochen usw. Der letzte Schritt steht für den Moment, in dem Sie Ihr Ziel erreicht haben. Beginnen Sie mit dem ersten Schritt und fragen Sie Ihren Partner wie folgt: »Was wird für Sie in der nächsten Woche ein Anzeichen dafür sein, dass Sie Fortschritte machen?«, und dann: »Und was wird Ihnen in zwei Wochen anzeigen, dass Sie weitere Fortschritte machen?« Fahren Sie so fort, bis Sie für alle Stufen eine Beschreibung gefunden haben, auch für die letzte.

12. Schwieriger als gedacht

Schließlich müssen die Teilnehmer den übrigen Gruppenmitgliedern mitteilen, was sie vor dem nächsten Gruppentreffen unternehmen werden, um mit ihren Zielen voranzukommen. Aber bevor Sie sie das tun lassen, geben Sie ihnen die Gelegenheit, zuerst darüber zu sprechen, warum das Erreichen Ihres Ziels nicht so einfach ist, wie es klingen mag, und dann darüber, was ihnen die Zuversicht gibt, dass sie trotz der Schwierigkeiten in der Lage sein werden, es zu schaffen.

- Jeder von Ihnen wird seine eigenen Gründe dafür haben, warum es nicht so einfach sein wird, sein Ziel zu erreichen. Es mag Hindernisse auf dem Weg geben, Herausforderungen, mit denen man zurechtkommen muss, andere Leute, die überzeugt werden müssen usw. Lassen Sie uns einen Moment damit verbringen, unsere Projekte realistisch einzuschätzen und über die Dinge zu sprechen, die es Ihnen erschweren, Ihr Ziel zu erreichen. Ich möchte nicht, dass Sie zu viel Zeit mit dieser Aufgabe verbringen, weil ich vermeiden will, dass Sie pessimistisch werden. Nehmen Sie sich nur so viel Zeit, dass jeder etwas äußern kann, warum sein Projekt nicht einfach sein wird. Wenn Sie das getan haben, werden wir darüber sprechen, was uns dennoch die Zuversicht gibt, dass wir unsere Ziele erreichen können.

13. Optimismus

- Nachdem Sie nun Gelegenheit gehabt haben zu äußern, warum das Erreichen Ihres Ziels nicht so einfach sein wird, möchte ich, dass Sie die andere Seite der Medaille beleuchten, nämlich die Gründe, warum Sie es dennoch für möglich halten. Erzählen Sie den anderen Gruppenmitgliedern, warum Sie glauben, dass Sie es schaffen können, welche spezifischen Aspekte Sie optimistisch stimmen, wenn es um das Erreichen Ihres Ziels geht. Nachdem Sie das getan haben, möchte ich, dass Sie eine weitere Runde einläuten, bei der Sie den anderen Gruppenmitgliedern mitteilen, warum Sie die Zuversicht haben, dass die anderen ihr Ziel erreichen werden. Es reicht nicht, ihnen einfach nur zu sagen, dass Sie glauben, sie würden es schaffen. Sie müssen auch Beweise liefern; Sie müssen ihnen sagen, was Sie an ihnen beobachtet haben oder was Sie von ihnen gehört haben, das Ihnen die Zuversicht gibt. Wenn ein Teilnehmer Ihnen also sagt »Ich glaube, Sie können es schaffen«, sollten Sie ihn herausfordern, indem Sie z. B. sagen: »Das sagen Sie doch nur, um irgendwas Positives zu äußern«, damit Sie herausfinden, worin sein Optimismus begründet liegt. »Nein, ich sag das nicht einfach nur so, ich meine es ernst«, kann die Person dann antworten und ihre Gründe für den Optimismus darlegen: »Ich glaube, dass Sie es schaffen können, weil ich beobachtet habe, dass Sie ...«

Die Gruppen werden für diese Aufgabe 20 bis 30 Minuten benötigen. Wenn sie fertig sind, können Sie sie fragen, ob ihnen die Übung gefallen hat und welchen Einfluss sie auf sie hatte. Sie werden unweigerlich sehen, dass diese Übung die Zuversicht der Teilnehmer gestärkt hat. Es ist erstaunlich überzeugend, wenn Sie hören, wie andere – insbesondere Personen, die über Ihr Projekt informiert sind – Ihnen ihre Beobachtungen mitteilen, die sie davon überzeugt haben, dass Sie die Fähigkeit besitzen, Ihr Ziel zu erreichen.

14. Versprechen und Follow-up

Damit Reteaming den erwünschten Effekt erzielen kann, wird die Gruppe sich öfter als einmal, vorzugsweise mehrere Male treffen müssen. Die Idee dahinter lautet: Wenn das Fundament für das Projekt gelegt ist, werden die Teilnehmer am Ende jedes Treffens den anderen Gruppenmitgliedern mitteilen, was sie bis zum nächsten Treffen im Hinblick auf ihr Ziel unternehmen wollen.

- Bevor wir auseinandergehen, möchte ich, dass Sie den anderen Gruppenmitgliedern sagen, was Sie bis zu unserem nächsten Treffen unternehmen werden, um Ihr Ziel voranzubringen. Sie werden der Gruppe sozusagen ein Versprechen geben, dass Sie bis zum nächsten Treffen etwas tun. Aber bitte versprechen Sie nichts Großes, sondern nur etwas, das so klein ist, dass Sie es in jedem Fall auch erfüllen können. Die Gruppe hat die Aufgabe sicherzustellen, dass niemand zu große Versprechen macht – Versprechen, die schwer einzuhalten sein dürften. Beim nächsten Treffen werden Sie dann den anderen berichten, was Sie getan haben und ob es funktioniert hat.

Beim nächsten und bei allen weiteren Treffen werden die Gruppenmitglieder gespannt sein, voneinander zu erfahren, wie die Dinge sich entwickelt haben, was jeder Einzelne getan hat, wie die Helfer reagiert haben, welche Überraschungen es gegeben hat usw.

- Bei diesem Treffen möchte ich, dass Sie sich gegenseitig von Ihrem Fortschritt berichten. Erinnern Sie die Gruppe daran, was Sie ihr das letzte Mal versprochen haben, in der Zwischenzeit zu unternehmen, und erzählen Sie dann, was Sie getan haben und ob es funktioniert hat. Ihre Aufgabe als Gruppe besteht darin, sich gegenseitig zu helfen, jeden auch noch so kleinen Schritt in die richtige Richtung zu erkennen und zu würdigen. Sie sollten die Redensart »Babyschritte bringen einen manchmal weiter als Riesensprünge« im Hinterkopf haben. Und bevor Sie loslegen, noch eine weitere Sache: Erinnern Sie sich noch an Ihr Jubelritual? Jetzt ist die richtige Zeit gekommen, es einzusetzen, um den anderen Gruppenmitgliedern Ihre Anerkennung zu zeigen.

Seinen Helfern Anerkennung zu zeigen ist ein Schlüsselelement von Reteaming. Statt es sich bis zum letzten Treffen aufzuheben, sollten Sie die Teilnehmer ermutigen, es während des ganzen Prozesses zu tun. Am Ende jedes Treffens können Sie sie daran erinnern, ihrer Gruppe für die Sitzung zu danken, und wenn die Teilnehmer von ihren Fortschritten berichten, können Sie anregen, dass sie anderen Anerkennung für ihren Beitrag zollen.

- Wenn Sie den anderen Gruppenmitgliedern über Ihre jüngsten Fortschritte berichten, möchte ich, dass Sie ihnen auch erzählen, wie sie zu diesem Fortschritt beigetragen haben. Seien Sie so konkret wie möglich. Sagen Sie nicht einfach nur »Und Sie haben mir alle sehr geholfen«, sondern sagen Sie jedem einzelnen Teilnehmer ganz konkret, was er gesagt oder getan hat, das Ihnen geholfen hat.

15. Feier und Dank

Sie sollten dafür sorgen, dass die Reteaming-Helfergruppe auch zu einem Abschluss kommt: bei einer abschließenden Follow-up-Sitzung, vielleicht einer Feier, bei der die Teilnehmer die Freude über das Geleistete teilen können, bei der sie stolz auf ihre eigenen Errungenschaften sein und sich über die Leistungen anderer freuen können. Dies ist für die Gruppenmitglieder auch eine hervorragende Gelegenheit, noch einmal jedem anderen Teilnehmer für die Hilfe, Unterstützung und Ermutigung zu danken, die sie von ihm im Laufe des Programms empfangen haben. Wertschätzung für die anderen Teilnehmer zu zeigen ist ganz zentral, aber man sollte nicht vergessen, dass es in den meisten Fällen auch noch andere Helfer gegeben hat, die in irgendeiner Form zu dem Ergebnis beigetragen haben.

- Ihre letzte Aufgabe ist es, den anderen Gruppenmitgliedern zu sagen, wie andere Leute, insbesondere Personen, die Sie am Beginn des Prozesses zu Ihren Helfern ernannt haben, zu Ihrem Erfolg beigetragen haben. Dann helfen Sie sich gegenseitig, einen Plan zu entwickeln, wie Sie diese Personen über Ihren Fortschritt informieren können und wie Sie Ihren Dank dafür ausdrücken können, was sie Hilfreiches gesagt oder getan haben.

* * *

Eine besondere Stärke des Reteaming-Modells in kleinen Gruppen besteht darin, dass die teilnehmenden Personen keineswegs ähnlich geartete Ziele haben müssen. Die Methode passt auch zu heterogenen Gruppen, bei denen die Teilnehmer ganz unterschiedliche Ziele verfolgen. Sie können im Prinzip eine Reteaming-Helfergruppe haben, bei der eine Person das Ziel hat, mit dem Rauchen aufzuhören, die zweite, einen Job zu finden, die dritte, ein Unternehmen zu gründen, und die vierte, ein Burn-out zu überwinden. Heterogene Gruppen haben einen Vorteil: Da die Teilnehmer unterschiedliche Ziele haben, gibt es keine Konkurrenz zwischen den Gruppenmitgliedern und sie können sich völlig unbefangen gegenseitig unterstützen.

Teamcoaching

Der Begriff »Team« kann sich auf eine beliebige Gruppe von Menschen beziehen, die über einen gewissen Zeitraum zu einem bestimmten Zweck zusammenarbeiten; das kann z. B. ein Arbeitsteam sein, ein Team, das sich zu einem bestimmten Projekt zusammengefunden hat, ein Sportlerteam, eine Gruppe von Schülern, die gemeinsam lernen, oder sogar eine Band oder ein Orchester.

Reteaming ist eine geeignete Methode, um die Zusammenarbeit eines Teams zu verbessern. Die Teammitglieder werden eine Vision davon entwickeln, wie sie selbst gern in der Zukunft zusammenarbeiten würden; sie werden sich für ein Ziel entscheiden, das sie bearbeiten werden, und sie werden mit vereinten Kräften daran arbeiten, das Ziel zu erreichen. Reteaming wird dem Team nicht nur dabei helfen, sein Ziel zu erreichen, sondern es wird auch den Teamgeist und die Zusammenarbeit zwischen den Teammitgliedern verbessern.

Wenn man mit Teams arbeitet, kann man entweder damit beginnen, die Probleme des Teams aufzulisten und sie in Ziele zu verwandeln, wie es im Kapitel »Probleme lösen mit Reteaming « bereits beschrieben wurde, oder indem man das Team auffordert, eine Vision der idealen Zukunft zu entwerfen. Für Letzteres geben wir hier die nötigen Instruktionen.

1. Einführung

Bevor Sie damit beginnen, ein Team nach den Schritten von Reteaming zu coachen, sollten Sie den Teilnehmern eine Einführung in die Methode geben. Vermitteln Sie ihnen eine grobe Vorstellung davon, wie Sie vorgehen werden, und wenn möglich versorgen Sie jeden mit einem Reteaming-Arbeitsbuch oder einem Poster, auf dem der Prozess skizziert ist.

2. Vision

Ihre erste Aufgabe besteht darin, das Team zu bitten, eine Idee zu entwickeln, wie sie die Dinge in der Zukunft gerne hätten. Sie sollten mit einer Einführung beginnen, die die Teilnehmer dazu einlädt, ihre Vorstellungskraft dafür zu benutzen:

- Wir wollen uns vorstellen, dass Sie nach Beendigung unserer gemeinsamen Arbeit in etwa einem Monat extrem zufrieden mit den Ergebnissen sein werden. Ihr Team wird gut arbeiten, und alle Probleme, die es vorher gegeben hat, werden der Vergangenheit angehören, und auch Ihr Chef wird glücklich damit sein, wie es läuft. Ich möchte, dass Sie sich einen Moment Zeit nehmen und sich das mit so vielen Details wie möglich ausmalen. Was wird anders sein? Wie werden Sie den Unterschied bemerken? Was würde ein Außenstehender an Veränderungen bemerken? Je klarer das Bild ist, umso leichter wird es für uns sein, gemeinsam auf dieses Ergebnis hinzuarbeiten.

Sie können die Vorstellungskraft der Teilnehmer anregen, indem Sie Ihre Frage in eine Geschichte verpacken:

- Wir wollen uns einmal vorstellen, dass ich Ihnen eines Tages am Flughafen begegne. Ich begrüße Sie alle und frage, wohin Sie fliegen. Sie erzählen mir, dass Sie auf dem Weg nach Bali sind, wo eine Konferenz über Arbeitsatmosphäre und Teamgeist stattfindet. Ich wundere mich, warum Sie zu so einer Konferenz gehen, und Sie erzählen mir, dass Ihr Team eingeladen wurde, bei dem Kongress den Hauptvortrag zu halten, weil Sie die höchste Auszeichnung beim Internationalen »Dream Team«-Wettbewerb gewonnen haben. Als ich Sie frage, was Sie für eine Rede vorbereitet haben, berichten Sie mir, dass Sie überhaupt nichts vorbereitet haben; dass Sie den Zuhörern einfach davon erzählen werden, wie Sie die Dinge handhaben und wie Sie bei Ihrer täglichen Arbeit miteinander umgehen. Was werden Sie den Zuhörern bei der Dream-Team-Konferenz erzählen?

Das folgende Beispiel stammt aus einer nicht untypischen Situation, bei der nach einer Fusion zwei Abteilungen aus den unterschiedlichen Unternehmen zusammenwachsen müssen, um eine funktionierende Einheit zu bilden.

- Nehmen wir an, dass die Fusion Ihrer Abteilungen sehr erfolgreich verlaufen wird. Sie wird sogar so erfolgreich sein, dass der

Generaldirektor in sechs Monaten die Chefredakteurin Ihres Firmenmagazins bitten wird, Ihrer neuen Abteilung einen Besuch abzustatten, um Ihr Team zu interviewen, damit jeder von Ihrem Erfolg erfahren kann. Die Interviewerin wird extrem daran interessiert sein, Ihnen Fragen darüber zu stellen, wie Sie es angestellt haben, dass es so gut funktioniert, aber bevor sie das tut, muss sie erst einmal erfahren, wie die Dinge bei Ihnen gegenwärtig laufen. Ich möchte, dass Sie sich in kleine Gruppen aufteilen und sich vorstellen, was die Interviewerin Sie fragen würde und was Sie voller Stolz antworten würden.

Aus dem Beispiel oben dürfte klar geworden sein, dass Sie die Teammitglieder bitten können, ihre Zukunftsvisionen kollektiv als ganze Gruppe zu entwickeln, oder sie auch in kleine Gruppen aufteilen können, um eine aktive Teilnahme und eine lebhafte Diskussion zu ermöglichen. Wenn das Bild von der idealen Zukunft gemeinsam erstellt und auf einem großen Blatt Papier, das alle sehen können, aufgeschrieben wurde, werden Sie die Teammitglieder bitten, spezifische Ziele herauszuarbeiten, die ihnen helfen können, diese Vision zu verwirklichen.

3. Sich auf ein Ziel festlegen

- Sie haben nun eine relativ klare Vorstellung davon entwickelt, wie die Dinge in Ihrem Team im besten Falle in der Zukunft funktionieren würden. Als Nächstes listen Sie bitte eine Reihe von Zielen auf, also Dinge, in denen Sie besser werden oder die Sie ändern müssen, um die Zukunftsvision zu realisieren. Wie, denken Sie, sollten Ihre Ziele lauten? Was wären die wichtigsten Dinge, auf die Sie sich konzentrieren müssten? Lassen Sie uns eine Liste solcher Ziele erstellen und dann schauen, welches oder welche Sie zum Bearbeiten auswählen.

Ein Team wird typischerweise eine Reihe von Zielen benennen. Unterschiedliche Personen werden unterschiedliche Dinge vorschlagen. Viele der Vorschläge werden sich allerdings überschneiden oder sogar gleichen. Zum Beispiel könnte eine Person vorschlagen, dass das Ziel lauten sollte, die Kommunikation zu verbessern, und eine andere, dass das Ziel darin bestehen sollte, mehr Offenheit zu schaffen, wobei beide eigentlich dasselbe meinen. Die Ziele, die die Teammitglieder nennen, können psychologischer Art sein, wie z. B. »bessere Kommunikation«, »gegenseitige Wertschätzung«, »besserer Teamgeist« oder »mehr Arbeitszufriedenhzeit«, aber sie können auch ganz sachlicher bzw. praktischer Natur sein: »Unsere Sitzungen sind besser strukturiert«, »wir lernen einander besser kennen«, »wir erfahren mehr darüber, was die anderen tun«, »wir geben uns gegenseitig regelmäßiges Feedback«, »wir einigen uns zunächst untereinander, bevor wir mit unseren Forderungen zum Chef gehen«, »jemand übernimmt die Verantwortung für das Kopiergerät« usw.

Schreiben Sie alle Ziele auf ein Flipchart und eröffnen Sie ein Gespräch darüber, welches dieser Ziele das Team zum Bearbeiten auswählen sollte. In den meisten Fällen wird sich das Team schnell darüber einigen, auf welches Ziel es sich konzentrieren möchte, aber manchmal gibt es Uneinigkeit darüber, welches von mehreren relevanten dasjenige sein soll, das alle Aufmerksamkeit verdient. Wenn dies geschieht, ist es ratsam, Raum für Diskussionen zu lassen, wobei man im Kopf behalten muss, dass das Team aller Wahrscheinlichkeit nach früher oder später zu einer Einigung kommen wird. Im Übrigen bedeutet das Auswählen eines speziellen Ziels nicht, dass man die Bearbeitung eines anderen Ziels zur selben Zeit ausschließt. Wenn das Team sich nicht auf ein Ziel einigen kann, können Sie es in der Tat in zwei Gruppen aufteilen, wobei die eine mit dem einen Ziel und die andere mit dem anderen arbeitet. Sie sollten auch bedenken, dass in Fällen, in denen Teammitglieder zu Beginn ein anderes Ziel für wichtiger halten, diese Personen ihre Meinung im weiteren Verlauf des Prozesses häufig ändern. Dies geschieht typischerweise dann, wenn Sie das Team bitten, die Vorzüge des Ziels zu diskutieren, und wenn sich dabei herausstellt, dass das Ziel, das manche eigentlich bevorzugt hätten, ein potenzieller Gewinn aus dem Ziel ist, das das Team zum Bearbeiten ausgewählt hat.

Im nächsten Schritt gibt man dem Ziel einen Namen und, wenn es angebracht erscheint, einen Slogan oder ein sichtbares Symbol. Zum Beispiel entscheidet sich ein Team dafür, besser darauf zu achten, dass man sich gegenseitig positives Feedback gibt. Nachdem sie darüber eine Weile nachgedacht haben, entschließen sie sich, das Projekt »Gewert« zu nennen, ein willkürliches Akronym für die Worte »gegenseitige Wertschätzung«. Der Slogan für das Projekt lautet »Mach jeden Tag jemanden glücklich«, und das Symbol ist ein lustiges Smiley-Gesicht, das ein künstlerisch begabtes Teammitglied gezeichnet hat. Ein anderes Team entscheidet sich dafür, dass sie sich gegenseitig besser zur Seite stehen und sich in schwierigen Situationen mehr helfen möchten. Sie nennen das Ziel »Solidarität«, der Slogan heißt »Seite an Seite«, und das Symbol für das Projekt ist die Geste Highfive, bei der zwei Personen eine Hand heben und in die Hand des Gegenübers schlagen. Überlassen Sie es den Teammitgliedern, darüber zu entscheiden, wie sie ihr Projekt nennen wollen oder was für einen Slogan oder ein Symbol sie ihm zuschreiben möchten.

4. Helfer

Wenn man mit Einzelnen arbeitet, liegt der Gedanke an Helfer nahe, aber bei der Arbeit mit Teams ist Unterstützung von genauso großer Bedeutung, also verschiedene Schlüsselpersonen des Projekts oder Kollegen zu informieren und sie vielleicht sogar, wenn es angebracht erscheint, um ihre Hilfe und Unterstützung zu bitten. Unter den Schlüsselpersonen kann z. B. auch ein Manager sein, der in der Hierarchie höher steht, der Chef der Personalabteilung, der Ombudsmann für Gesundheit und Sicherheit, die Weiterbildungsabteilung, eine benachbarte Abteilung oder bestimmte Schlüsselkunden; eigentlich jeder, der potenziell hilfreich dabei sein kann, die Wahrscheinlichkeit für den Erfolg des Projekts zu erhöhen.

Hier ein paar Beispiele für relevante Fragen:

- Wen müssen Sie über dieses Projekt informieren?
- Warum ist es wichtig, dass er/sie davon erfährt/erfahren?
- Wen sollten Sie sonst noch über dieses Projekt informieren?
- In welcher Art und Weise könnte/könnten er/sie Sie in diesem Projekt unterstützen?
- In welcher Weise wäre das Projekt für ihn/sie hilfreich?
- Wie werden Sie ihn/sie informieren?
- Wie werden Sie ihn/sie auf dem Laufenden halten, was Ihren Fortschritt angeht?
- In welcher Art und Weise hoffen Sie, ihm/ihr/ihnen Ihre Dankbarkeit zu zeigen, wenn Sie das Ziel erreicht haben?

5. Nutzen

Unter dem Aspekt der Motivation ist es wichtig, die Teammitglieder in eine Diskussion darüber zu verwickeln, was der Zweck des Ziels ist; welchen Nutzen wird es Ihnen persönlich bringen? Wie wird es Ihnen als Team nützen und inwiefern wird es für die Organisation, in der Sie arbeiten, von Vorteil sein? Je mehr Vorzüge die Teammitglieder erkennen können, umso ernsthafter werden sie das Ziel angehen, das sie zum Bearbeiten ausgewählt haben.

- Ich möchte, dass Sie sich ein wenig Zeit nehmen und sich überlegen, welche positiven Effekte das Erreichen Ihres Ziels im besten Falle haben kann. Sammeln Sie so viele Vorzüge wie möglich. Beginnen Sie bei sich selbst. Welchen Gewinn würde das Erreichen des Ziels Ihnen persönlich bringen? Dann denken Sie über Ihr Team als Ganzes nach. Inwiefern wird Ihr Team von diesem Ziel profitieren? Und zum Schluss denken Sie über Ihre Organisation nach und über Ihre Kunden und Partner, mit denen Sie regelmäßig zusammenarbeiten. Wird es auch für sie Vorzüge geben und worin werden diese bestehen?

Planen Sie ausreichend Zeit für diese Übung ein, denn je mehr Zeit das Team mit der Beantwortung dieser Fragen verbringen kann, umso weiter wird das Spektrum der Vorzüge sein, die es erkennt.

6. Bisherige Fortschritte

Sie werden vielleicht manchmal mit einem neu gegründeten Team zusammenarbeiten, das keine gemeinsame Vorgeschichte hat, sodass die Frage nach bisher gemachten Fortschritten nicht angebracht scheint. In den meisten Fällen werden Sie allerdings zu Beginn der Arbeit mit einem Team sehen können, dass es durchaus schon einen Fortschritt gibt oder dass es schon irgendetwas im Hinblick auf das Ziel unternommen hat. Ihre Instruktion könnte so beginnen:

- Ich möchte, dass Sie jetzt eine Weile lang darüber nachdenken, wo Sie auf dem Weg zu Ihrem Ziel stehen. Stellen Sie sich eine Skala vor, auf der 10 den Punkt markiert, an dem Sie Ihr Ziel erreicht haben, und 1 den Punkt darstellt, an dem es noch überhaupt keine Verbesserung gegeben hat. Wo würden Sie sich selbst zum jetzigen Zeitpunkt auf der Skala platzieren?

Die Antwort auf diese Frage, die in der lösungsfokussierten Psychologie auch als Skalierungsfrage bekannt ist, erbringt üblicherweise einen Skalenwert höher als 1. Wenn man auf diese Art und Weise fragt, werden sich die Klienten in der Regel gewisser positiver Veränderungen bewusst oder sie erinnern sich an irgendwelche Dinge, die sie in der jüngsten Vergangenheit unternommen haben, die im Einklang mit dem angestrebten Ziel stehen. Was sie bereits unternommen haben, muss gar nichts Großartiges sein. Es kann sein, dass die Angelegenheit lediglich an irgendeinem Punkt in einer Sitzung diskutiert wurde oder dass es einen Vorschlag gab, die Dinge in Richtung des Ziels zu verändern.

- Sie scheinen sich also darauf zu einigen, dass Sie irgendwo hier stehen, etwa zwischen 3 und 5 auf der Skala, die Ihren Weg zum Ziel abbildet. Keiner von Ihnen schien der Meinung zu sein, dass Sie bei 1 oder 2 stehen. Alle hatten das Gefühl, dass Sie bereits einen gewissen Fortschritt gemacht haben, auch wenn Sie zum Teil eine unterschiedliche Vorstellung davon hatten, wo Sie gerade stehen. Meine nächste Frage an Sie lautet, welche Anzeichen positiver Entwicklung Sie bemerkt haben, die Sie dazu veranlasst haben, sich bei 4 oder 5 einzustufen. Nehmen Sie sich Zeit und schreiben Sie alle Beobachtungen auf dieses Blatt Papier.

Egal, was dabei herauskommt, sei es etwas Großes oder etwas Kleines, etwas Signifikantes oder nichts Signifikantes: Das Bewusstsein, dass schon vorher ein Fortschritt stattgefunden hat, dient dazu, eine optimistische Atmosphäre und das Gefühl einer fortdauernden Entwicklung in Richtung auf das Ziel zu erzeugen.

7. Künftige Fortschritte

Damit das Team dahin kommt, wohin es möchte, ist es wichtig, dass es ein klares Bild davon entwickelt, was es in der Praxis erreichen will. Es ist einfach zu sagen: »Wir wollen eine bessere Kommunikation« oder »mehr Offenheit« oder »einen fairen Umgang«, aber es ist viel schwieriger zu erkennen, was solche Dinge in der Praxis wirklich bedeuten; inwiefern die Personen unterschiedlich aufeinander reagieren würden, wenn es den »fairen Umgang« gäbe. Was wäre ein anschauliches Beispiel des »fairen Umgangs«? Wie würde ein außenstehender Beobachter bemerken, dass der »faire Umgang« praktiziert wird?

Um dahin zu gelangen, wo Sie hin möchten, ist es wichtig, dass Sie eine Karte haben. Die Karte wird Ihnen nicht nur dabei helfen zu wissen, wann Sie angekommen sind, sondern Sie werden darauf auch sehen können, ob Sie auf dem richtigen Weg sind oder nicht, wie weit Sie schon gekommen sind und wie weit Sie noch gehen müssen. Beim Reteaming bitten Sie das Team, von seiner Fantasie Gebrauch zu machen, um eine solche Karte zu zeichnen.

- Wir wollen uns vorstellen, dass die Dinge sich von nun an ziemlich rasch in die gewünschte Richtung entwickeln und dass Sie innerhalb einiger Monate Ihr Ziel erreicht haben werden. Ich hätte gerne, dass Sie jetzt eine Karte entwerfen, die den Weg von hier bis zum Ziel beschreibt. Sie sollten damit beginnen, das Bild einer Treppe oder einer kurvenreichen Straße zu zeichnen, entlang derer Sie die Beschreibung Ihres Fortschritts notieren können. Was wird nächste Woche das erste Anzeichen dafür sein, dass Sie auf dem richtigen Weg sind? Was wird in zwei Wochen anders sein? In drei Wochen? Zeichnen Sie eine solche Karte, die Ihre Entwicklung als stufenförmigen Fortschritt mit einem praktischen Beispiel auf jeder Stufe veranschaulicht. Der letzte Schritt sollte eine Beschreibung dessen enthalten, was anzeigen wird, dass Sie Ihr Ziel erreicht haben, also was Sie alle davon überzeugen würde, dass das Ziel Realität geworden ist.

Sie sollten dem Team ausreichend Zeit dafür lassen, seine Karte zu entwerfen. Wenn man dafür seine Fantasie einsetzt und nicht so sehr rational plant, wird die Aufgabe weniger mühsam und macht mehr Spaß, aber Sie sollten sich darüber bewusst sein, dass das Entwerfen der Karte nichtsdestoweniger der anstrengendste Teil des Reteaming-Prozesses ist.

8. Das ist nicht einfach

Es mag widersinnig klingen, dass Sie, direkt nachdem das Team seine Karte des Erfolgs fertiggestellt hat und wahrscheinlich optimistisch gestimmt ist, das Thema wechseln und das Team bitten, sich einige der Gründe vor Augen zu führen, warum es nicht leichtfallen wird, das Ziel zu erreichen. Dennoch ist dies wichtig, wie wir bereits vorher beim Erläutern der verschiedenen Reteaming-Schritte im Detail dargestellt haben.

- Ich möchte nun, dass Sie ein bisschen realistischer werden. Sie wissen besser als ich, dass das Erreichen Ihres Ziels nicht ganz so leicht sein dürfte, wie Sie es sich nun ausgemalt haben. Es mag Hindernisse oder Widerstände auf dem Weg geben, die Sie nicht übersehen sollten. Ich will gar nicht, dass Sie eine Liste davon erstellen oder mit einer Strategie aufwarten, wie man damit umgeht. Das Einzige, was ich an diesem Punkt möchte, ist, dass Sie eine Gelegenheit haben, solche Themen einzubringen und realistisch im Hinblick auf die vor Ihnen liegende Herausforderung zu sein.

Man sollte nicht außer Acht lassen, dass dies im Verlauf des Reteaming-Prozesses nicht der richtige Moment ist, an dem das Team Strategien entwickelt und Pläne schmiedet, wie man mit den unterschiedlichen denkbaren Hindernissen und Widerständen umgeht. Der Grund, warum wir das Thema, dass das Erreichen des Ziels eine Herausforderung sein wird, auf den Tisch bringen, ist schlicht und einfach der, möglichen Vorbehalten einen Raum zu bieten und den Übergang zur nächsten Frage zu rechtfertigen: Was gibt dem Team trotz aller möglichen Hindernisse die Zuversicht, dass sein Ziel erreichbar ist?

9. Aber es ist dennoch möglich

Einer der Höhepunkte des Reteaming-Prozesses ist die Frage, warum die Teammitglieder glauben, dass sie ihr Ziel trotz der Herausforderung erreichen können. Die Frage leitet eine Untersuchung der Ressourcen und anderer Gründe für den Optimismus in die Wege.

Eine besonders nützliche Frage in diesem Stadium ist die nach den Ressourcen der Teammitglieder. Hier bietet sich eine hervorragende Gelegenheit, die Teammitglieder zu bitten, die spezifischen Ressourcen, die ihnen beim Erreichen ihres Ziels helfen werden, gegenseitig anzuerkennen.

- Sie kennen sich ziemlich gut und sind wahrscheinlich in der Lage zu sagen, welche speziellen Qualitäten, Fähigkeiten oder

> Talente jeder von Ihnen hat, die beim Erreichen Ihres Ziels hilfreich sein könnten. Wir wollen das in alphabetischer Reihenfolge tun: Welche speziellen Qualitäten, Fähigkeiten oder Talente hat Anna, die zum Erreichen Ihres Ziels beitragen können?

Das Gespräch über die positiven Qualitäten, Fähigkeiten oder Talente jedes Teammitglieds hat nicht nur einen erfrischenden Einfluss auf die Atmosphäre des Meetings; in den meisten Fällen hat es auch einen dauerhaft positiven Effekt auf die Beziehungen zwischen den Teammitgliedern.

10. Versprechen

Bevor Sie eine Reteaming-Sitzung beenden, denken Sie immer daran, die Teilnehmer zu bitten, ihre Versprechen darüber abzugeben, was sie vor der nächsten Sitzung im Hinblick auf ihr Ziel unternehmen werden. Es ist zwar richtig, dass gut geplant schon halb erledigt ist und dass sich positive Veränderungen auch spontan aus der bis dahin geleisteten Arbeit ergeben können. Aber darauf sollte man sich nicht verlassen. Stattdessen sollten Sie die Teilnehmer bitten, Entscheidungen darüber zu fällen, was sie ganz konkret vor dem nächsten Meeting tun werden, um ihr Ziel voranzubringen. Entscheidungen zu fällen und Versprechen zu geben ist mit Engagement und Professionalität gleichzusetzen, insbesondere in beruflichen Settings, während Projekte ohne klaren Plan und Spezifizierung, welche Handlungen vollzogen werden müssen, eher dilettantisch und nachlässig anmuten.

Beim öffentlichen Bekanntgeben der verschiedenen Versprechen sollten Sie dafür sorgen, dass diese auf ein Blatt Papier aufgeschrieben werden, wobei jedes Versprechen mit dem Namen der Person versehen wird, die für dessen Einhalten verantwortlich ist. Nach der Sitzung kann die Liste von Versprechen an alle Teilnehmer ausgeteilt oder an einer Stelle angebracht werden, wo jeder sie sehen kann. Alternativ dazu können Sie, wenn Sie es gerne etwas spielerischer haben wollen und es für angebracht halten, die Teilnehmer bitte, ihre Versprechen geheim zu halten, sie auf ein Blatt Papier zu schreiben und sie Ihnen auszuhändigen. Wenn die Teammitglieder nicht wissen, was die anderen zu tun versprochen haben, können Sie sie auffordern, sich gegenseitig zu beobachten und zu versuchen herauszufinden, was es ist. In der nächsten Sitzung wird es spannend und anregend sein, mit dem Team darüber zu sprechen, was sie an den anderen beobachtet haben und was diese dann tatsächlich getan haben, um die Dinge in Richtung ihres Ziels zu verbessern.

11. Verlaufskontrolle

Es kann insbesondere in einer unruhigen Umgebung, in der die Teams in zahlreiche Aktivitäten involviert sind, leicht passieren, dass sich die Teilnehmer zum Zeitpunkt der nächsten Sitzung kaum noch daran erinnern können, worum es in der letzten Sitzung gegangen ist. Um zu verhindern, dass Sie sich in dieser misslichen Lage wiederfinden, sollten Sie sich Notizen darüber machen, was in den Sitzungen diskutiert worden ist, oder bitten Sie jemand anderen, dies zu tun. Das gibt Ihnen die Möglichkeit, die nächste Sitzung damit zu eröffnen, dass Sie noch einmal auf Ihre Notizen schauen und die Teilnehmer an die Dinge erinnern, die sie bereits getan haben.

Eine andere Möglichkeit, die Kontinuität von einer Sitzung zur nächsten zu gewährleisten, ist, dass Sie sich nach einer Sitzung die Zeit nehmen, eine E-Mail an die Teilnehmer zu schicken, in der Sie die wichtigsten Punkte der Diskussion zusammenfassen und sie an ihre Aufgaben oder andere Vereinbarungen erinnern.

Zusätzlich sollten Sie mit dem Team eine Abmachung treffen, dass die Teilnehmer die Verantwortung dafür übernehmen, ihre Fortschritte zwischen den Sitzungen aufzuzeichnen. Das kann in beliebiger Form geschehen, von einem Zettel an der Wand, auf dem die Teammitglieder spontan ihre Beobachtungen von Fortschritten notieren können, bis hin zu einem Tagebuch, in dem die Person, die für diese Aufgabe ausgewählt wurde, Informationen darüber sammelt, welche Dinge unternommen wurden, welche Zeichen des Fortschritts die Teilnehmer beobachtet haben, und über jegliche positiven Effekte, die es bei dem Projekt gegeben haben mag.

Diese Aufzeichnungen des Fortschritts werden in der nächsten und in allen weiteren Sitzungen als Arbeitsgrundlage verwendet. Fragen darüber, welche positiven Veränderungen die Teammitglieder bemerkt, welche konkreten Dinge sie unternommen, welche Handlungen sie bei den anderen beobachtet und welche Art von Unterstützung sie von Außenstehenden bekommen haben, werden ein Gespräch anregen, das von Stolz, Wertschätzung anderer und Anerkennung von hilfreichen Außenstehenden gekennzeichnet ist.

12. Vorbereitung auf Rückschläge

An einem früheren Punkt des Reteaming-Prozesses haben Sie die Teilnehmer in ein Gespräch darüber verwickelt, warum es nicht einfach für sie sein wird, ihr Ziel zu erreichen. An diesem Punkt haben Sie sie nicht gebeten, irgendwelche Strategien zu entwickeln, wie sie mit solchen potenziellen Schwierigkeiten umgehen sollen. Sie haben sie nur gebeten, ihre Bedenken zu formulieren, um zu thematisieren, dass das Erreichen des Ziels nicht so einfach sein wird, wie es anfangs ausgesehen haben mag.

Die Vorbereitung auf Rückschläge führt uns nun einen Schritt weiter. Jetzt bitten Sie die Teammitglieder, einige potenzielle Probleme zu antizipieren, die ihnen im Weg stehen könnten, und Strategien zu entwickeln, wie man damit umgehen kann. Dies ist eine wichtige Frage, weil ein Team, das nicht auf den Umgang mit Problemen vorbereitet ist, Gefahr läuft, auf Rückschläge so frustriert zu reagieren, dass es das ganze Projekt gefährden könnte.

Die Notwendigkeit, dass das Team sich auf Rückschläge vorbereitet, variiert von Fall zu Fall. Manchmal sind relativ detaillierte Pläne erforderlich, während ein Team in anderen Fällen einfach nur ein generelles Prinzip äußert, eine Haltung, die man einnehmen muss, um mit beliebigen denkbaren Rückschlägen umzugehen. Sie könnten etwa sagen: »Wir müssen dann einfach schauen und überlegen, wie wir von dort aus weitermachen.« Ob das Team einen detaillierten Plan entwirft, wie es mit unterschiedlichen potenziellen Schwierigkeiten umgehen will, oder sich nur auf eine allgemeine Haltung einigt, ist nebensächlich. Der wichtige Punkt ist, dass Rückschläge als etwas angesehen werden, das man erwartet, statt etwas, von dem man einfach hofft, dass es nie geschehen wird.

Vielleicht fragen Sie sich, wann der richtige Zeitpunkt ist, das Thema Vorbereitung auf Rückschläge auf den Tisch zu bringen. Es gibt keine eindeutige Antwort auf diese Frage und Sie können dieses Thema auch schon aufgreifen, bevor das Team seine Versprechen darüber abgegeben hat, was es hinsichtlich des Ziels bis zum nächsten Treffen tun wird. Bei unserer Arbeit haben wir uns diesen Schritt oft etwas aufgespart und ihn erst bei der ersten oder zweiten Follow-up-Sitzung ins Spiel gebracht, wobei wir unsere Entscheidung mit der Beobachtung begründen, dass Probleme und Frustrationen häufig nicht am Anfang von Projekten auftauchen, sondern eher ein bisschen später, wenn der Prozess schon eine Weile läuft.

13. Feier und Dank

Die letzte Sitzung, ein abschließendes Follow-up-Treffen, sollte für irgendeine Art von Feier reserviert sein. Das heißt nicht, dass es dabei Sekt und Kuchen geben muss – ohne dass dies unbedingt schädlich wäre –, aber es soll betont werden, dass das Projekt einen Abschluss findet, bei dem der Fortschritt gefestigt wird und jeder für seinen Beitrag anerkannt wird. Es ist so, als würde man sagen: »Das ist es, wofür wir uns entschieden haben zu arbeiten; das ist es, was wir getan haben; das ist es, was wir erreicht haben, und das ist es, worauf wir stolz sein können.«

Das abschließende Treffen ist auch eine Gelegenheit, Raum für eine Diskussion darüber zu bieten, was für eine Art von Erfahrung der Reteaming-Prozess für die Teilnehmer gewesen ist und was sie daraus gelernt haben. Sie werden sehen, dass die Teilnahme am Reteaming für viele Leute ein wichtiger Lernprozess ist. Es ist mehr als ein Stufenprozess zum Setzen und Erreichen von Zielen; es ist ein Mittel, Menschen eine Erfahrung aus erster Hand anzubieten, wie man konstruktiv zusammenarbeitet, um in einer Atmosphäre von Begeisterung, Kooperation und wechselseitiger Wertschätzung Veränderungen herbeizuführen.

Coaching von Veränderungsprozessen

Eine der Herausforderungen, vor denen heutige Organisationen stehen, ist die Notwendigkeit, sich von immer häufiger werdenden Umstrukturierungen und Reorganisationen zu erholen. Eine der Anwendungsmöglichkeiten von Reteaming ist es, Teams, Abteilungen oder sogar ganzen Organisationen dabei zu helfen, wieder ihr früheres Level an Funktionalität – oder wünschenswerterweise sogar ein noch höheres Level an Funktionalität – zu erreichen, nachdem sie durch eine Reorganisation durcheinandergebracht worden sind.

Eine strukturelle Veränderung ist eine bedeutende Ursache für Stress sowohl bei den Angestellten als auch bei den Managern. Als Folge der Veränderungen kann es sein, dass Leute, die eng zusammengearbeitet haben, nun voneinander getrennt sind und mit ganz neuen Gruppen zusammenarbeiten müssen. Es kann auch größere Verschiebungen in Führungspositionen geben; einige verlieren ihre leitende Stellung, während andere zu einer Position mit höherer Autorität aufsteigen, die Verantwortlichkeiten können sich verschieben, die Tätigkeitsbeschreibung kann sich verändern etc. Die unterschiedlichen Veränderungen rufen Unsicherheit hervor, und Unsicherheit ist für die meisten Menschen eine Hauptursache für Stress.

Gestresste Menschen arbeiten nicht gut zusammen, es kommen Probleme auf und die Effektivität leidet. Umfragen zur Arbeitszufriedenheit zeigen eine Verschlechterung und das Geplauder auf den Gängen und in den Teeküchen ist von Beschwerden geprägt.

Bei der Arbeit mit Teams und größeren Einheiten unter diesen Umständen haben wir erkannt, dass es wichtig ist, »den Klienten dort abzuholen, wo er steht«. Wir beginnen die Arbeit nicht in der üblichen Reihenfolge, indem wir die Teilnehmer bitten, eine Vision von der optimalen Zukunft zu entwickeln, sondern indem wir Stressreaktionen auf einem individuellen Level diskutieren und anerkennen. Erst nachdem wir den Teilnehmern geholfen haben, ein kollektives Verständnis dafür zu entwickeln, wie Menschen im Allgemeinen auf Stress durch strukturelle Veränderungen reagieren, gehen wir einen Schritt weiter und schauen uns an, welche Art von Problemen in der Funktionsweise einer Organisation sich nach der Umstrukturierung ergeben haben. Wenn man Probleme in dieser Form auf den Tisch bringt, also als erwartete und unvermeidliche Reaktionen auf Veränderungen, vermeidet man Schuldzuweisungen und sorgt für Kooperationsbereitschaft, während man dazu übergeht, Probleme in Ziele umzuwandeln und den Reteaming-Prozess von diesem Punkt an wieder aufzunehmen.

1. Erkenntnisse zu Stressreaktionen berücksichtigen

- Viele Studien zeigen, dass strukturelle Veränderungen für die meisten Menschen eine Hauptursache für Stress sind. Sie haben wahrscheinlich auch bei sich selbst oder an Ihren Kollegen einige Zeichen der Überlastung beobachtet. Wie Menschen auf Stress reagieren, variiert offensichtlich, aber es kann hilfreich sein, dass man sich der Tatsache bewusst ist, dass Menschen typischerweise Veränderungen in vier unterschiedlichen Bereichen erfahren: in ihrem Körper, ihrem Denken, ihren Gefühlen und ihrem Verhalten.

  Der Körper eines Menschen kann auf unterschiedlichste Weise auf Stress durch strukturelle Veränderungen reagieren, z. B. durch Appetitverlust, Erschöpfung oder Schläfrigkeit.

  Das Denken eines Menschen kann sich auch verändern, z. B. kann es sein, dass man plötzlich völlig anders über die eigene Arbeit oder die eigenen Arbeitskollegen denkt.

  Es kann sein, dass man ganz unerwartete Gefühle entwickelt wie etwa Traurigkeit, Gereiztheit oder Besorgtheit, aber in manchen Fällen auch wiederum Erleichterung.

  Es kann auch wahrnehmbare Veränderungen im Verhalten eines Menschen geben, z. B. kann es sein, dass jemand, der bisher immer ins Fitnessstudio gegangen ist, dies nicht mehr tut, oder einer, der es gewohnt war, nur am Wochenende Bier zu trinken, nun begonnen hat, auch unter der Woche zu trinken.

  Ich würde Sie nun bitten, Gruppen von vier oder fünf Personen zu bilden, die normalerweise nicht zusammenarbeiten. Später werden Sie in Ihren tatsächlichen Teams arbeiten, aber jetzt möchte ich, dass Sie sich mit neuen Leuten zu einem Team zusammenfinden, die Sie noch nicht gut kennen. Ich möchte, dass Sie in diesen Gruppen über Stressfolgen sprechen und eine Liste von Stressreaktionen erstellen, wobei darunter solche sein können, die Sie selbst erlebt haben, und auch sein können, die Sie bei anderen beobachtet haben. Benutzen Sie die vier Parameter: Körper, Denken, Gefühle und Verhalten, um auf eine Vielfalt an Reaktionen zu kommen. Wenn Sie in zehn Minuten zurückkommen, hätte ich gerne, dass die Gruppen ihre Beobachtungen untereinander austauschen.

Bei der Arbeit in kleinen Gruppen können die Teilnehmer Persönliches äußern und sich über ihre eigenen Stressreaktionen austauschen. In der größeren Gruppe sollte die Diskussion allerdings anonym gehalten werden. Das Thema wird auf einer allgemeinen Ebene diskutiert, also wie wir Menschen üblicherweise auf Stress reagieren. Die Diskussion dient dazu, die verschiedenen Reaktionen von Individuen für normal zu erklären und ihren Erfahrungen Gültigkeit zu verleihen.

2. Vom Individuum zu Organisation

Wenn die Frage nach den persönlichen Stressreaktionen ausführlich diskutiert wurde und die Teilnehmer das Gefühl haben, dass ihre Überlastung ernst genommen wird, ist es an der Zeit, über die Probleme auf der Organisationsebene zu sprechen, die durch die strukturellen Veränderungen hervorgerufen wurden.

- Strukturelle Veränderungen verursachen Störungen nicht nur bei Individuen, sondern auch im Funktionieren der Organisation selbst. Ich möchte, dass Sie sich nun mit den Leuten, mit denen Sie regelmäßig zusammenarbeiten, zusammenfinden und einige der Auswirkungen oder Probleme benennen, die sich als Resultat der Veränderungen Ihrer Organisation ergeben haben oder schlimmer geworden sind. Ich möchte, dass Sie einen Stift und ein Blatt für das Flipchart mitnehmen und einen senkrechten Strich ziehen, der es in zwei Spalten teilt. Die linke Spalte ist für die Probleme bestimmt, die rechte für Ziele. Sie sollten also die Begriffe Probleme bzw. Ziele oben über die Spalten schreiben. Ihre Aufgabe besteht darin, einige der Schlüsselprobleme, die Sie in Ihrer Organisation beobachtet haben, zu benennen und sie in die linke Spalte zu schreiben. Sie werden am Ende die Probleme in Ziele umwandeln, aber tun Sie das jetzt noch nicht – dazu möchte ich Ihnen noch ein paar genaue Instruktionen geben. Sie haben zehn Minuten Zeit, ich glaube nicht, dass Sie für diese Übung länger brauchen werden.

Wenn die Gruppen wieder zusammenkommen, um darüber zu sprechen, welche Probleme sie erkannt haben, werden Sie sehen, dass es bestimmte Schlüsselprobleme gibt, die immer wieder auftauchen. Unter diesen finden sich z. B. »gesunkene Motivation«, »falscher Fokus«, »Konflikte über Banalitäten«, »unklare Aufgabenbereiche«, »Bevorzugungen«, »Mangel an Information«, »schlechte Kommunikation«, »Mangel an Effektivität« und »schlecht definierte Zielvorstellungen«.

3. Probleme in Ziele verwandeln

Für die nächste Aufgabe sollten Sie Teams bitten, das Ziel, das hinter jedem der aufgeschriebenen Probleme steht, zu identifizieren. Um dies zu tun, müssen Sie den Teilnehmern gegebenenfalls die Idee des Goaling erklären, die wir bereits im Kapitel »Probleme lösen mit Reteaming « im Detail erläutert haben.

- Ich möchte nun, dass Sie wieder in Ihre Gruppen zurückgehen und in die rechte Spalte das äquivalente Ziel für jedes Problem aus der linken Spalte schreiben. Wenn Sie also z. B. das Problem »unklare Aufgabenbeschreibung« in der linken Spalte stehen haben, könnten Sie in die rechte Spalte so etwas schreiben wie »Klärung der Aufgabenbeschreibung«; oder wenn Sie in der linken Spalte das Problem »falscher Fokus« haben, könnten Sie rechts davon schreiben: »den richtigen Fokus finden«. Wenn Sie Probleme in Ziele verwandeln, denken Sie daran, dass ein Problem etwas ist, das Sie nicht möchten, und ein Ziel etwas ist, das Sie möchten; das Problem ist das, was aufhören soll, das Ziel ist das, was Sie gerne erreichen wollen.

4. Die nächsten Reteaming-Schritte

Wenn die Schlüsselprobleme identifiziert und erfolgreich in Ziele umgewandelt sind, können Sie mit der Arbeit entlang den Schritten von Reteaming fortfahren. Da die Teilnehmer nun in ihren tatsächlichen Teams arbeiten, können sie sich ein Ziel zum Bearbeiten auswählen, dessen Nutzen betrachten, Helfer finden usw.

* * *

Wir haben diesen Ansatz erfolgreich bei einer Reihe von unterschiedlichen Unternehmen und Organisationen angewandt. Unserer Erfahrung nach funktioniert das Programm gut und wir glauben, dass das vor allem daran liegt, dass der Ansatz den Teilnehmern das Gefühl gibt, respektiert, angehört und ernst genommen zu werden.

Diese Herangehensweise hat eine große Ähnlichkeit mit den Prinzipien, wie man auf Kritik konstruktiv reagiert. Wenn man mit Menschen spricht, die Kritik äußern oder sich über etwas beschweren möchten, sollte man zuallererst zuhören und Verständnis für die Sorgen und das Unbehagen der Person zeigen. Als Zweites sollte man, wann immer es möglich ist, zumindest einen Teil der Verantwortung übernehmen und die Bereitschaft zeigen, etwas zu unternehmen, um die Dinge zum Besseren zu verändern. Schließlich sollte man das Gespräch über die Probleme in eines über ein Ziel verwandeln und am Schluss einen Handlungsplan entwerfen, wie man dieses Ziel erreichen kann. Der »Nach dem Sturm«-Ansatz, den wir oben beschrieben haben, ist mit diesen Prinzipien vereinbar.

Wenn Sie den »Nach dem Sturm«-Ansatz anwenden, werden Sie überrascht sein, wie drastisch sich die Atmosphäre des Meetings in dem Moment verändert, in dem Probleme in Ziele umgewandelt sind. Die Gesichter hellen sich auf, die Leute werden lebhafter und das Energielevel steigt. Die Verschiebung des Fokus weg von den Problemen hin zu handfesten Zielen führt zu einem Wiederaufleben der Hoffnung, während den Teilnehmern bewusst wird, dass sie zusammen daran arbeiten können, ihre Situation zu verbessern.

Zum guten Umgang mit Reviews

Heutzutage lässt die Mehrheit der Unternehmen und Organisationen eine jährliche Studie zum Arbeitsumfeld erstellen, um die Zufriedenheit der Angestellten einzuschätzen, das Stressniveau der Belegschaft zu messen und Problembereiche in den Arbeitsabläufen der Organisation zu erkennen.

Wenn die Ergebnisse solcher Befragungen für eine bestimmte Abteilung gut oder überdurchschnittlich ausfallen, laufen die Dinge weiterhin glatt. Der Manager der Abteilung präsentiert die Ergebnisse den Angestellten, und jeder ist stolz und erfreut über das gute Resultat.

Die Situation wird allerdings komplizierter, wenn die Ergebnisse in einigen Arbeitsbereichen schlecht oder unterdurchschnittlich ausfallen. Die Leute können dann ratlos sein, was sie mit der Information anfangen sollen, und es besteht das Risiko, dass sie am Ende in einer wenig konstruktiven Art und Weise über das Thema sprechen. Im schlimmsten Falle entwickelt die Abteilung etwas, das wir »Blamestorming«, also einen Ansturm von Schuldzuweisungen, nennen; ein Teufelskreis, bei dem die Belegschaftsmitglieder versuchen, die Gründe für die schlechten Ergebnisse zu finden, und sich schließlich gegenseitig die Schuld für die Probleme geben, die bei der Befragung herausgekommen sind. Die Erfahrung, beschuldigt zu werden, veranlasst Menschen dazu, in die Defenisve zu gehen, und wenn sie die Notwendigkeit zur Selbstverteidigung sehen, tendieren sie dazu, stattdessen andere zu beschuldigen.

Um diese Falle zu umgehen, sollte man sorgfältig darauf achten, wie man Gespräche über die Ergebnisse einer Studie zum Arbeitsumfeld führt. Der Reteaming-Ansatz – mit seiner Idee, den Fokus auf die Zukunft zu verlagern und Probleme in Ziele zu verwandeln – ist hierfür gut geeignet.

Um mit den Ergebnissen der Befragung bestmöglich umzugehen, führen Sie bitte die folgenden Schritte durch, egal ob Sie der Manager der Abteilung sind, die an der Befragung teilgenommen hat, oder ein außenstehender Berater der Abteilung.

Schritt 1

Bevor Sie die Ergebnisse der Studie zum Arbeitsumfeld diskutieren, nehmen Sie sich einen Moment Zeit und erklären Sie, warum die Befragung durchgeführt wurde und warum Feedback notwendig ist, wenn man in der Lage sein will, sich um das Wohl der Belegschaft zu kümmern und die Arbeitsweise der Organisation zu verbessern.

Schritt 2

In den meisten Fällen zeigen die Ergebnisse der Studie zum Arbeitsumfeld, dass es sowohl starke wie auch schwache Bereiche in der den Arbeitsabläufen einer bestimmten Abteilung gibt. Wenn die Belegschaft über die Ergebnisse spricht, geschieht es häufig, dass sie den Stärken wenig oder gar keine Aufmerksamkeit schenkt, sondern den Fokus stattdessen auf die Schwachstellen verlagert. Wenn Sie im lösungsfokussierten Geiste von Reteaming arbeiten, übergehen Sie die Stärken nicht, sondern bringen die Beteiligten dazu, diese näher zu betrachten. Man kann den Teilnehmern z. B. solche Fragen als Denkanstoß stellen:

- Über welche der genannten Stärken freuen Sie sich am meisten?
- Wie erklären Sie sich diese Stärken?
- Wie haben Sie persönlich dazu beigetragen?
- Woran haben Sie gemerkt, dass Ihre Kollegen dazu beigetragen haben?
- Gibt es etwas, das Sie zurzeit tun und das Sie auch weiterhin tun müssen, um sicherzustellen, dass sich bei der Befragung nächstes Jahr wieder dieselben Stärken zeigen werden?

Die Untersuchung der Stärken wird die Stimmung in der Abteilung heben, wird eine Atmosphäre gegenseitiger Wertschätzung schaffen und den Weg für ein konstruktives Gespräch über die Schwächen ebnen, die sich in der Befragung gezeigt haben.

Schritt 3

Nachdem Sie eine detaillierte Untersuchung der Stärken unternommen haben, ist es an der Zeit, über die in der Begutachtung aufgezeigten Schwächen oder verbesserungsbedürftige Bereiche zu sprechen. Wenn Sie die Schwächen benannt haben, wobei Sie sich an die Prinzipien von Reteaming halten, fordern Sie die Belegschaft entweder auf, eine Vision der idealen Zukunft zu entwickeln oder die Schwächen in bearbeitbare Ziele zu verwandeln.

- Jetzt, da Sie Ihre Stärken kennen und wissen, in welchen Bereichen es noch Raum für Verbesserungen gibt, sind Sie gut vorbereitet, um eine Vorstellung davon zu entwickeln, welche Ergebnisse der Begutachtung Sie nächstes Jahr gerne sehen würden. Stellen wir uns vor, dass ein Jahr vergangen ist und die Ergebnisse dieser Abteilung bei weitem die besten der Firma sind. Alle Faktoren liegen im grünen Bereich und Sie haben gerade erfahren, dass sogar der Generaldirektor von Ihren Ergebnissen beeindruckt ist. Ich möchte, dass Sie sich in kleine Gruppen aufteilen und eine Vision darüber entwickeln, was die Ergebnisse des Gutachtens über Ihre Abteilung aussagen werden und wie Sie Ihre Abteilung zu diesem Zeitpunkt beschreiben würden, an dem sie hervorragend funktioniert.
- Da Sie nun die Bereiche kennen, in denen es noch Verbesserungsbedarf gibt, hätte ich gerne, dass Sie sich in kleine Gruppen aufteilen und diese Information dazu verwenden, drei Dinge herauszuarbeiten, die Sie als erstrebenswerte Ziele ansehen. Wenn Sie Ihre Ziele auf einem Zettel notieren, denken Sie daran, sie positiv zu formulieren als etwas, von dem Sie wünschen, dass es besser wird, und nicht als etwas Unerwünschtes, das Sie loswerden möchten.

In beiden Fällen, egal ob Sie sich dafür entscheiden, die Belegschaft zu bitten, eine Vision der idealen Zukunft zu entwickeln oder die aufgezeigten Schwächen in Ziele umzudefinieren, können Sie Ihre Arbeit nun nach den Schritten von Reteaming fortsetzen.

Mini-Reteaming

Um das Prinzip Reteaming zu demonstrieren, haben wir eine verkürzte Version des Prozesses entwickelt, die wir Mini-Reteaming nennen. Es ist ein einseitiger Fragebogen mit zehn Fragen.

Wir haben diesen Fragebogen verwendet, um die Idee des lösungsfokussierten Coachings einer großen Bandbreite von Zielgruppen zu vermitteln, darunter Managern, Supervisoren, Erziehern, Angehörigen des Gesundheitswesens und Athleten.

Mini-Reteaming bietet beiden Seiten eine Lernerfahrung, sowohl dem Interviewer wie auch dem Interviewten. Es zeigt, wie wirkungsvoll gezielte lösungsfokussierte Fragen den Ton der Unterhaltung und die Motivation der interviewten Person beeinflussen.

Hier sind die Fragen des Mini-Reteaming-Fragebogens:

1. Wie lautet Ihr Ziel?
2. Welchen Nutzen können Sie selbst aus dem erreichten Ziel ziehen?
3. Worin besteht der Nutzen des Ziels für andere?
4. Wo würden Sie sich jetzt auf einer Skala von 1 bis 10 einordnen (wobei 10 bedeutet, dass Sie Ihr Ziel erreicht haben, und 1, dass Sie noch ganz am Anfang stehen und noch nicht einmal darüber nachgedacht haben)?
5. Was haben Sie bisher unternommen, um an diesen Punkt zu gelangen?
6. Welche Personen haben Ihnen geholfen und auf welche Weise haben sie dazu beigetragen?
7. Was würde Ihnen anzeigen, dass Sie sich auf der Skala einen Schritt nach oben bewegt haben?
8. Welche Dinge geben Ihnen die Zuversicht, dass Sie Ihr Ziel erreichen werden?
9. Wen werden Sie über Ihre Fortschritte in Kenntnis setzen?
10. Wem würden Sie gerne Ihre Anerkennung für Hilfe oder Unterstützung ausdrücken, wenn Sie Ihr Ziel erreicht haben?

Der Mini-Reteaming-Fragebogen erklärt sich eigentlich von selbst. Dennoch erscheinen ein paar Anmerkungen zu jeder Frage berechtigt.

1. Wie lautet Ihr Ziel?

Mini-Reteaming beginnt mit einem Ziel. Um Ihrem Interviewpartner dabei zu helfen, das Ziel zu identifizieren, sollten Sie Ihre Frage etwa so formulieren: »Gibt es irgendetwas, das Sie lernen möchten, das Sie verändern möchten oder worin Sie besser werden möchten?«

2. Welchen Nutzen hat das für Sie?

Versuchen Sie, so viele Vorzüge wie möglich herauszufinden. Haken Sie bei den Antworten des Interviewten mit der Frage nach: »Und inwiefern wird das gut für Sie sein?«, und fahren Sie dann mit »Was noch?« fort, bis Sie das Gefühl haben, dass genug Informationen über das Thema zusammengekommen sind, und Sie fortfahren können.

3. Worin besteht der Nutzen für andere?

Erweitern Sie Ihre Untersuchung des Nutzens, indem Sie einen Blick darauf werfen, wie andere Leute, also Arbeitskollegen, Familienmitglieder, Klienten oder Freunde, von dem Ziel profitieren könnten.

4. Wo würden Sie sich jetzt auf einer Skala von 1 bis 10 einordnen (wobei 10 bedeutet, dass Sie Ihr Ziel erreicht haben, und 1, dass Sie noch ganz am Anfang stehen und noch nicht einmal darüber nachgedacht haben)?

Wenn Sie möchten, können Sie diese Frage persönlicher gestalten, indem Sie sie auf das Ziel des Interviewten zuschneiden. Zum Beispiel: »Auf einer Skala von 1 bis 10, auf der 10 bedeutet, dass Sie fließend Spanisch sprechen und mit großem Genuss spanische Literatur und Poesie lesen können, und auf der 1 bedeutet, dass ›hola‹ und ›hombre‹ so ziemlich die einzigen spanischen Wörter sind, die Sie kennen, wo würden Sie sich jetzt selbst einordnen?«

5. Was sind Ihre bisherigen Fortschritte?

Diese Frage ist eine Fortsetzung der vorigen Skalierungsfrage. Da die Antwort auf die Skalierungsfrage so gut wie immer eine Zahl größer als 1 ergeben wird, ist es vernünftig, den Interviewten zu fragen, was er getan hat, um von 1 bis zu der genannten Stufe zu gelangen.

6. Welche Personen haben Ihnen geholfen?

Helfen Sie dem Interviewpartner, so viele Leute wie möglich zu benennen, die ihm oder ihr direkt oder indirekt in irgendeiner Weise beim

Erzielen des Fortschritts geholfen haben, um den es in der vorigen Frage ging.

7. Woran würden Sie merken, dass Sie sich auf der Skala einen Schritt nach oben bewegt haben?

Diese Frage soll dem Interviewten weniger dabei helfen, einen Plan für das Erreichen des Ziels zu entwerfen, sondern eher den nächsten kleinen Schritt aufzeigen, den er machen muss, um auf dem Weg in Richtung Ziel in Bewegung zu bleiben.

8. Was gibt Ihnen die Zuversicht, dass Sie Ihr Ziel erreichen werden?

Dies ist eine Frage mit offenem Ende. Sie eröffnet ein Gespräch über alles Denkbare, das den Optimismus des Interviewten erhöht. Sie dürfen dem Befragten gerne dabei helfen, an solche Dinge wie seine oder ihre Ressourcen, frühere Erfolge beim Erreichen ähnlicher Ziele, verfügbare Unterstützung von außen etc. zu denken.

9. Wen werden Sie über Ihre Fortschritte informieren?

Irgendeine Form von Follow-up ist notwendig, damit der Erfolg erkannt und gewürdigt wird. Zumindest können Sie sicherstellen, dass es irgendjemanden gibt, mit dem der Interviewpartner über seinen Fortschritt sprechen kann.

10. Wem möchten Sie gerne danken, wenn Sie Ihr Ziel erreicht haben?

Der Befragte wird natürlich Leute erwähnen, die bisher hilfreich waren, aber mit Ihrer Hilfe ist er vielleicht in der Lage, noch weitere Quellen möglicher Unterstützung von außen zu benennen.

* * *

Wenn Sie Mini-Reteaming beim Unterrichten von Gruppen anwenden, sollten Sie die Teilnehmer bitten, in Zweiergruppen zu arbeiten, wobei sie sich abwechselnd gegenseitig interviewen. Der Fragende macht sich Notizen und überreicht dem Befragten den ausgefüllten Bogen am Ende des Interviews. Die zwei Einschätzungsfragen nach dem Ausfüllen des Fragebogens lauten: »Wie hat Ihnen das Interview gefallen?« und »Wie könnten Sie einige dieser Ideen in Ihre tägliche Arbeit integrieren?«

Zusätzlich dazu, dass Mini-Reteaming ein Werkzeug zum Vermitteln lösungsfokussierter Coaching-Fähigkeiten ist, kann es auch für ehrgeizigere Zwecke eingesetzt werden, nämlich um die Idee der lösungsfokussierten Psychologie in der Kultur einer Organisation als Ganzer zu verbreiten. Hierfür müssen Sie dafür sorgen, dass jedes Individuum in der Organisation beide Erfahrungen machen wird, also jemanden mit dem Mini-Reteaming zu interviewen und von jemandem interviewt zu werden. Das Experiment, verbunden mit einem gemeinschaftlichen Austausch darüber, was die Personen durch ihre Teilnahme gelernt haben und wie sie das Erlernte in ihrem Arbeitsalltag umsetzen können, ist eine einfache Art, lösungsfokussiertes Denken in Organisationen beliebiger Größe zu implementieren.

Bewältigen von Stress und Traumata

Der Stolz darauf, ein Unglück überwunden zu haben,
sollte den Schmerz, es durchgemacht zu haben, aufheben.

Zusätzlich zu der Tatsache, dass Reteaming eine Karte für den Umgang mit Veränderungen im Allgemeinen darstellt, bietet es auch Ideen an, wie man Menschen bei der Überwindung von Unglücksfällen, Unfällen oder anderen Notfallsituationen helfen kann.

Wenn uns in unserem Leben ein Unglück geschieht, wenn wir einen nahestehenden Menschen verlieren, unter dem Verlust unseres Jobs leiden oder eine ernsthafte Erkrankung durchmachen, bringt das die meisten von uns aus dem Gleichgewicht. Wir erleben Stresssymptome und können sogar unsere Arbeitsfähigkeit verlieren oder nicht mehr in der Lage sein, unsere täglichen Pflichten zu erledigen. Mit der Hilfe und Unterstützung unserer Familie und unserer Freunde – und manchmal professioneller Helfer – erholen wir uns Schritt für Schritt und gewinnen irgendwann unser Gleichgewicht zurück.

Wenn Menschen gerade eine Notsituation durchlebt haben, sind sie im Hinblick auf das Geschehene üblicherweise durcheinander und erschüttert. Sie haben das Bedürfnis, ihre Erfahrung mit jemandem zu teilen und ihre Geschichte immer wieder zu erzählen, um das Geschehene vollständig zu verstehen. Die Folgezeit ist häufig auch von quälenden Fragen geprägt, wie etwa: »Warum ist das mir passiert?«, »War es meine eigene Schuld?«, »Habe ich in der Situation irgendetwas falsch gemacht?«, »Hätte ich das verhindern können?« und »Welche Konsequenzen wird das für mein zukünftiges Leben haben?«

Wenn man Menschen hilft, ein Stress auslösendes Erlebnis zu überwinden, besteht der erste Schritt darin, sie beim Finden befriedigender Antworten auf diese quälenden Fragen zu unterstützen. Es ist befreiend und heilsam, wenn man zurückgehen und sich anschauen kann, was geschehen ist; wenn man Selbstvorwürfe durch das Verständnis ersetzt, dass man in der Situation sein Bestes gegeben hat und dass das Geschehene jedem hätte passieren können; wenn man damit anfängt zu erkennen, dass trotz des Geschehenen immer noch die Zukunft vor einem liegt.

1. Eine Vision entwickeln

Eine belastende Lebenssituation kann uns unserer Zukunft berauben, wenn sie einige unserer wichtigsten Zukunftsträume und -hoffnungen erschüttert. In einer Welt ohne Zukunft zu existieren bedeutet, dass man keinen festen Boden unter den Füßen hat. In solchen Situationen ist das schrittweise Ersetzen der alten und unerreichbaren Visionen und Hoffnungen durch neue und realisierbare ein entscheidender Faktor des Regenerationsprozesses.

- Sich von so etwas, wie Sie es erlebt haben, zu erholen, braucht in der Regel seine Zeit. Niemand kann vorhersagen, wie lange es bei Ihnen dauern wird. Aber irgendwann werden Sie sich erholen und Ihr Gleichgewicht wiederfinden. Stellen wir uns vor, dass einige Zeit vergangen ist, vielleicht ein Jahr oder zwei, vielleicht auch mehrere Jahre, und Sie haben das Gefühl, dass Sie sich von diesem Schicksalsschlag erholt haben. Wie würde Ihr Leben Ihrer Vorstellung nach dann aussehen? Was tun Sie gerade? Wo werden Sie leben? Können Sie einige Dinge nennen, die Sie an Ihrem Leben dann gerade genießen werden? Wie werden Sie sich fühlen, wenn Sie sich an das, was passiert ist, erinnern?

2. Ein Ziel setzen

Nach belastenden Erlebnissen sind Menschen oft durcheinander und erleben einen Verlust ihres Lebensfokus. Es gibt hundert Dinge, um die man sich kümmern muss, und in dem Chaos ist es schwierig, die Prioritäten richtig zu setzen, zu entscheiden, womit man beginnt. Eine einfache Entscheidung, was man als Nächstes tun soll oder auf was man sich konzentrieren soll, kann die Verwirrung dadurch lindern, dass die Person wieder einen klar definierten Fokus hat.

- Es gibt so viele Dinge, an die Sie jetzt denken müssen und die Sie erledigen müssen. Kein Wunder, dass Sie durcheinander und unsicher sind, was Sie zuerst tun sollen. Vielleicht würde es Ihnen gut tun, eine Entscheidung zu treffen, auf was Sie sich jetzt konzentrieren wollen, statt zu versuchen, sich um so viele

Dinge auf einmal zu kümmern. Was steht auf Ihrer Prioritätenliste im Moment ganz oben?

3. Den Nutzen suchen

Egal, welchen Fokus die Person als oberste Priorität auswählen mag, sei es z. B., sich auf die Arbeit zu konzentrieren oder darauf, sich um die Kinder zu kümmern, eine neue Wohnung zu finden, ein Begräbnis zu organisieren oder den laufenden Gerichtsprozess zu gewinnen – eine kurze Diskussion über dessen Wichtigkeit ist sinnvoll.

- Wahrscheinlich haben Sie die richtige Entscheidung getroffen, wenn Sie sich im Moment damit (dem Thema, um das es geht), beschäftigen. In welcher Hinsicht, glauben Sie, wird das gut für Sie sein? Glauben Sie, dass die Tatsache, dass Sie dies tun, in irgendeiner Weise auch für andere von Vorteil sein wird – für Ihre Familie, Freunde oder Menschen, mit denen Sie zusammenarbeiten?

4. Helfer finden

Wenn Sie mit Personen, die Schicksalsschläge überwunden haben, darüber sprechen, was ihnen am meisten geholfen hat, nennen sie fast ausnahmslos Menschen, die sie unterstützt haben, insbesondere Freunde und Familienmitglieder, aber manchmal auch professionelle Helfer oder Leute, die sie kennengelernt und die in ihrem Leben etwas Ähnliches durchgemacht haben. Anscheinend brauchen wir nur andere Leute, mit denen wir sprechen können, um uns von Notlagen wieder zu erholen.

- In solchen Situationen brauchen wir alle die Unterstützung anderer Menschen. Welche Leute haben Ihnen bis jetzt am meisten geholfen? Inwiefern haben diese Menschen Ihnen geholfen? Inwieweit können sie Sie auch weiterhin unterstützen? Können Sie noch andere Personen nennen, die Ihnen in dieser Lebenssituation weiterhelfen können? Was könnten Sie diesen Leuten über Ihre Situation erzählen und wie könnten Sie sie bitten, Ihnen zu helfen?

5. Bisherige Fortschritte

Erholung ist ein Prozess, der direkt nach dem belastenden Erlebnis beginnt. Egal ob das Ereignis vor einer halben Stunde oder vor einem Monat geschehen ist: Der Prozess der Regeneration ist schon im Gange. Das Bewusstsein dessen, was man schon getan hat und welche Schritte man bereits unternommen hat, erzeugt Hoffnung und Vertrauen in die Kontinuität des Erholungsprozesses.

- Ich bin mir sicher, dass es eine Weile dauern wird, bis Sie sich von dem, was geschehen ist, erholt haben. Aber ich habe den Eindruck, dass Sie den allerersten Schock schon überwunden haben. Wie haben Sie das gemacht? Können Sie mir einige Dinge nennen, die Sie getan haben, die für Sie hilfreich waren, um damit zurechtzukommen. Sie scheinen die richtigen Schritte unternommen zu haben. Wie sind Sie auf diese Dinge gekommen? Was haben Sie noch getan, das Ihnen geholfen hat?

6. Künftige Erholung

Ich habe einmal ein paar Unterrichtsstunden im Conga-Trommeln genommen und Folgendes von meinem Lehrer gelernt: Wenn man den Rhythmus, den zu spielen man lernen will, singen kann, dann kann man ihn auch spielen. Wir glauben, dass sich diese Weisheit, bildlich gesprochen, auf den Erholungsprozess nach einem belastenden Erlebnis übertragen lässt; wenn Sie sich die Straße, die zu Ihrer Erholung führt, bildlich vorstellen können, dann können Sie auf dieser Straße auch vorangehen. Es ist schwierig, die Fragen einer anderen Person zu beantworten, wie die Schritte der eigenen Erholung aussehen werden und es mag einige Zeit in Anspruch nehmen. Ausdauer zahlt sich aber aus, weil sich die bildliche Vorstellung des Erholungsprozesses in der Regel in eine selbsterklärende Straßenkarte verwandelt, die den Weg zu einem neu gefundenen Gleichgewicht markiert.

- Niemand weiß, wie Ihr Erholungsprozess aussehen wird, weil wir alle verschieden sind und alle unterschiedlich auf das reagieren, was uns zustößt. Aber es hat den Anschein, dass Sie gut zurechtkommen und die Dinge aller Wahrscheinlichkeit nach gut verlaufen werden. Nehmen wir einmal an, ich habe recht damit, dass Sie sich Tag für Tag besser fühlen werden und ich sehe Sie in einer Woche wieder. Ich frage Sie, wie es Ihnen geht und Sie sagen, dass Sie sich ein bisschen besser als beim letzten Treffen fühlen. Ich will aber noch mehr wissen. Was, glauben Sie, würden Sie mir erzählen? Was wäre für Sie ein Anzeichen, dass Sie sich ein bisschen besser fühlen? ... Wie sähe es in zwei Wochen aus, wenn Sie mir wieder erzählen würden, Sie fühlten sich ein bisschen besser als letztes Mal? Was würden Sie mir berichten? ... Ich würde Sie wahrscheinlich fragen, ob jemand anderes die Verbesserung bemerkt hat. Was würden Sie mir darauf antworten? ... Wie steht es in einem Monat oder in einem Jahr oder in zwei Jahren? Was wäre für Sie ein Anzeichen dafür, dass Sie vorankommen und das betreffende Erlebnis überwunden haben?

7. Herausforderungen respektieren

Man kann Menschen bis zu einem gewissen Grade helfen, belastende Erlebnisse zu überwinden, aber wir sollten immer im Hinterkopf behalten, dass, egal, was wir tun, der Erholungsprozess in der Regel seine Zeit braucht und Schmerzen und qualvolle Momente mit einschließt.

Wenn man über Möglichkeiten diskutiert, wie man Menschen helfen kann, schwierige Belastungssituationen zu überwinden, ist das mit einem Risiko verbunden: Es kann das Missverständnis aufkommen, dass man in der Lage sein sollte, sich schnell und effektiv von dem zu erholen, was auch immer geschehen sein mag, und dass dies auch andere von einem erwarten. Das ist ungünstig, weil jede Art von Forderung, den Erholungsprozess zu beschleunigen, die Dinge meist nur verschlimmert. Wenn man sich selbst vorwirft, dass man die Erwartung einer schnellen Regeneration nicht erfüllen kann, wird das niemandem helfen.

Eine offene Diskussion über die Schwierigkeit des Erholungsprozesses kann helfen, die Falle der Selbstvorwürfe zu umgehen und die Person vor jeglichen unrealistischen oder unvernünftigen Erwartungen einer schnellen Regeneration zu bewahren.

- Wir sprechen darüber, was Sie tun können, um sich selbst dabei zu helfen, sich von dem Geschehenen zu erholen. Aber ich möchte nicht, dass Sie den Eindruck bekommen, ich würde das für einfach halten. Ich weiß, auch aus eigener Erfahrung, dass das Fertigwerden mit belastenden Erlebnissen überhaupt nicht einfach ist. Es ist in der Regel ein knallharter Prozess. Was denken Sie? Gab es Momente, in denen Sie Druck von außen empfunden haben? Wie steht es mit Ihnen selbst? Haben Sie manchmal übertriebene Erwartungen an sich selbst gehabt?

8. Optimismus fördern

Hoffnung hat eine heilende Kraft. Menschen, die im Hinblick auf ihre Erholungschancen optimistisch sind, werden sich mit höherer Wahrscheinlichkeit erholen als die, die daran zweifeln, dass es jemals besser werden wird. Sie können die Menschen dazu bringen, hoffnungsvoller auf ihre Situation zu blicken, indem Sie ihnen helfen, sich der Fakten bewusst zu werden, die ihnen Anlass zur Hoffnung geben.

- Wie viel Zuversicht haben Sie, dass Sie das, was Ihnen geschehen ist, irgendwann überwinden werden? Was ist es, das Ihnen diese Zuversicht gibt? Haben Sie in Ihrem Leben vorher schon einmal etwas Vergleichbares überwunden? Wie haben Sie das geschafft? Welche Stärken oder Charaktereigenschaften haben Sie, die Ihnen helfen werden, die Sache anzupacken? Welche sind Ihre Hauptkraftquellen? Interessiert es Sie zu erfahren, warum ich optimistisch bin, was Ihre Person angeht?

Hilfreiche Themen, über die man sprechen kann, um Hoffnung zu wecken, sind frühere Erfahrungen mit der Übewindung ähnlicher Notlagen, Fortschritte, die man schon gemacht hat, die Unterstützung durch andere Menschen und die eigenen Stärken und Ressourcen der Person.

9. Einen Plan entwerfen

Als wir den Reteaming-Prozess entwickelt haben, haben wir uns entschlossen, den Begriff »Versprechen« zu verwenden, wenn wir uns auf die Entscheidungen beziehen, die unsere Klienten getroffen haben, um sich in Richtung ihres Ziels zu bewegen. Wenn es hingegen darum geht, sich von Schicksalsschlägen zu erholen, ist es sinnvoller, von

Plänen statt von Versprechen zu reden. In schwierigen Zeiten hilft es, einen Plan zu haben. Stellen Sie sich vor, Sie gehen zum Arzt, wenn Sie sich krank fühlen und nicht wissen, was mit Ihnen nicht stimmt. Der Arzt untersucht Sie gründlich und legt Ihnen dann seinen Plan dar. Sie wissen immer noch nicht, was Sie haben. Aber schon allein die Tatsache, dass es bereits einen klaren Plan gibt, beruhigt Sie. Dasselbe gilt auch für andere schwierige Situationen, wenn wir durcheinander und unsicher sind, was wir tun sollen.

- Es hat den Anschein, als hätten Sie in der kommenden Woche sehr vieles zu erledigen. Wie werden Sie mit all dem fertig werden? Sie sollten aufpassen, dass Sie sich nicht übernehmen. Vielleicht wäre es gut, wenn Sie sich Pläne für die nächste Woche machen. Was halten Sie davon, solch einen Plan für sich zu entwerfen?

10. Verlauf beobachten

Menschen, die einen Erholungsprozess durchlaufen, können sehr leicht blind für ihren eigenen Fortschritt werden und daher den fälschlichen Eindruck bekommen, stecken geblieben zu sein. Es ist daher äußerst wichtig, dass man jemanden hat, mit dem man sprechen kann, um Informationen über den eigenen Fortschritt auszutauschen, und dem man seine Pläne mitteilen kann.

- Sie brauchen wahrscheinlich jemanden, der Sie eine Weile begleitet, während Sie den anstrengendsten Teil dieser Reise in Angriff nehmen. Wer könnte das sein? Wer hätte Interesse daran, mit Ihnen darüber im Gespräch zu bleiben, wie es Ihnen geht, und Sie in Ihrem Erholungsprozess zu unterstützen?

11. Vorbereitung auf Rückschläge

Die Erholung von belastenden Erlebnissen ist in den seltensten Fällen ein reibungsloser, geradliniger Prozess, bei dem jeder nachfolgende Tag ein bisschen besser als der vorige ist. Im Gegenteil: In den meisten Fällen ähnelt die Regeneration eher einer Achterbahn, bei der auf einen guten Tag zwei schlechte folgen können und umgekehrt. Es ist hilfreich, das im Kopf zu behalten, und es bewahrt die Menschen davor, angesichts schwieriger Momente und Phasen zu verzweifeln.

- Ich bin mir sicher, Sie wissen, dass es schwierige Zeiten geben wird, in denen Sie Momente intensiver Emotionen erfahren werden. Vielleicht wäre es gut, wenn Sie sich darauf vorbereiten und eine Vorstellung davon entwickeln, wie Sie mit solchen Situationen umgehen werden, wenn sie Ihnen begegnen. Gibt es irgendetwas besonders Schwieriges, von dem Sie befürchten, dass Sie Probleme haben werden, damit zurechtzukommen?

12. Feiern und Danken

Die Idee, dass man das Erreichen eines Ziels feiert, mag in Situationen, in denen eine Person sich von einem Schicksalsschlag erholt, unpassend sein, aber der andere Aspekt dieses letzten Reteaming-Schritts, also das Anerkennen seiner Helfer, ist äußerst relevant. Die meisten Menschen, die sich von einem belastenden Erlebnis erholen, empfinden sogar ganz spontan das Bedürfnis, denjenigen ihre Dankbarkeit auszudrücken, die ihnen dabei geholfen haben, mit den Schwierigkeiten zurechtzukommen und sie zu überwinden.

Es macht Menschen glücklich, wenn sie erfahren, dass ihre Unterstützung gewürdigt wird, und sie werden in ihrer Bereitschaft bestärkt, auch weiterhin zu helfen, wo immer sie können. Zusätzlich erzeugt die Tatsache, dass man anderen Menschen seine Dankbarkeit für ihre Unterstützung mitteilt, ein Gefühl der Verbundenheit und des Dazugehörens, welches an sich schon einen heilenden Effekt hat und die Erholung fördert.

Nachwort

Durch die Lektüre dieses Buches haben Sie sich nun mit dem Reteaming-Prozess vertraut gemacht und sind vielleicht überzeugt, dass die Schritte des Programms sich bei einer großen Bandbreite von Situationen anwenden lassen, in denen Menschen vor der Notwendigkeit stehen, sich zu verändern, sich weiterzuentwickeln oder irgendetwas zu verbessern. Sie wissen jetzt, wie Sie die Schritte darauf anwenden, Probleme zu lösen, mit Veränderungen zurechtzukommen oder Ziele zu erreichen – egal, ob Sie mit Einzelnen, Gruppen, Teams oder ganzen Organisationen arbeiten.

Während Sie sich mit dieser Methode beschäftigt haben, sind Sie möglicherweise sogar zu dem Schluss gekommen, dass Reteaming nicht nur eine Sammlung von Richtlinien für die Bewerkstelligung menschlicher Veränderungen ist, sondern in gewisser Weise auch eine »Philosophie des Wandels« verkörpert. Es stellt eine Sichtweise dar, wie man Probleme in konstruktiver Weise lösen kann. Es veranschaulicht das Verständnis von Motivation und davon, wie sie erhöht werden kann, und es vermittelt ein Konzept des Wandels, das die Umgebung mit einbezieht und bei dem die Gemeinschaft nicht nur Anteil an dem Entscheidungsprozess nimmt, was verändert werden muss, sondern auch an dem Prozess, durch den diese Veränderungen realisiert werden.

Wir hoffen, dass Sie eine Gelegenheit finden werden, das Reteaming-Programm in dem Kontext, in dem Sie arbeiten, auszuprobieren, um sich ein Bild von seiner belebenden Wirkung zu machen. Es würde uns aber auch schon freuen, wenn Sie unsere dem Reteaming zugrunde liegenden Ideen als wertvoll für Ihre Arbeit oder für Ihr persönliches Leben ansehen würden.

Weiterführende Informationen

Weitergehende Informationen finden Sie im Internet auf der Website

www.reteaming.com

Über die Autoren

Ben Furman, Psychiater und Psychotherapeut, ist Mitbegründer des Helsinki Brief Therapy Institute und Autor mehrerer Bücher, darunter der Sachbuchbestseller *Ich schaffs! Spielerisch und praktisch Lösungen mit Kindern finden*. Gemeinsam mit Tapani Ahola leitet er das Helsinki Brief Therapy Institute.

Tapani Ahola ist Sozialpsychologe und arbeitet seit 1985 als Supervisor, Berater, Dozent, Ausbilder und Betreuer. Er ist ein bekannter Experte und Innovator auf dem Gebiet der lösungsfokussierten Kommunikation. Zusammen mit Ben Furman veröffentlichte er das Buch *Twin Star – Lösungen vom anderen Stern. Zufriedenheit am Arbeitsplatz als Zwilling des Erfolgs.*